Thorben Prenzel

Lobbyarbeit für Einsteiger

Strategien für die Arbeit vor Ort

WOCHEN
SCHAU
VERLAG

Bibliografische Information der Deutschen Nationalbibliothek

Die Deutsche Nationalbibliothek verzeichnet diese Publikation in der Deutschen Nationalbibliografie; detaillierte bibliografische Daten sind im Internet unter http://dnb.d-nb.de abrufbar.

www.wochenschau-verlag.de

Gesamtherstellung: Wochenschau Verlag
Gedruckt auf chlorfrei gebleichtem Papier
Zeichnungen: Claudia Weber
Band 1: Lobbyarbeit für Einsteiger
ISBN 978-3-7344-0842-7 (Buch)
E-Book ISBN 978-3-7344-0843-4 (PDF)
Band 2: Lobbyarbeit für Profis
ISBN 978-3-7344-0862-5 (Buch)
E-Book ISBN 978-3-7344-0863-2 (PDF)

Inhalt

Vorwort zur Neuauflage

Seit der Veröffentlichung des Handbuchs „Lobbyarbeit konkret“ sind mehr als zwölf Jahre vergangen. Seitdem berate ich Vereine und Verbände, Initiativen und Stiftungen und gebe Seminare zum Thema. Nun ist es Zeit für eine Neuauflage – diesmal mit zwei Büchern, einem für Einsteiger und einem für Fortgeschrittene. Denn in unserer modernen Zeit sind auch die Anforderungen an die (Lobby-)Arbeit gewachsen.

Das vorliegende Einsteigerbuch ist für die Arbeit vor Ort geschrieben und bietet eine Handlungsanleitung, wie Entscheider aus Politik, Verwaltung und Öffentlichkeit vom eigenen Thema überzeugt werden können. Es ist hauptsächlich für die Arbeit vor Ort bzw. in der Region geschrieben.

Das Fortgeschrittenenbuch* bietet einen tieferen Einblick in die professionelle Arbeit. Es beschreibt eine detaillierte Lobbystrategie für den langfristigen Einfluss auf die landes- und bundespolitische Ebene sowie Gesprächs- und Argumentationsmuster, um die Entscheider zu überzeugen.

An dieser Stelle noch ein großes Dankeschön an alle, die mir in der Zusammenarbeit und auf meinen Seminaren Ideen und Anregungen für dieses Buch gegeben haben. Und auch an meinen eigenen Verband, den ich als Vorsitzender viele Jahre führen durfte.

Thorben Prenzel

---

* Lobbyarbeit für Profis, ISBN 978-3-7344-0862-5.

Über das Buch

Wer für die gute Sache kämpft, kämpft leider oft gegen Windmühlen. Das eigene Thema scheint anderen nicht so wichtig zu sein, man bekommt nie die nötige Aufmerksamkeit, die Presse ignoriert einen und wichtige Personen scheinen nie Zeit zu haben.

Das kennen Sie? Dann sind Sie hier richtig.

Lobbyarbeit ist die Kunst, die entscheidenden Personen in Politik und Öffentlichkeit von seinem Thema zu überzeugen. Lobbyarbeit ist ein vielschichtiger Prozess, der eine Reihe von Fähigkeiten, Wissen und Prozesskenntnis erfordert. Aber keine Panik: Das hört sich schwieriger an, als es ist. Man braucht „nur“ eine Strategie, ein bisschen Zeit und das nötige Basiswissen. Wie das alles zusammen machbar ist, erfahren Sie hier. Sie lernen,

- ✓ wie Sie eine Lobbystrategie entwickeln,
- ✓ wie Sie Entscheider in Politik und Verwaltung erreichen,
- ✓ wie Sie Druck über die Öffentlichkeit aufbauen,
- ✓ und wie Sie die Presse in Ihre Arbeit einbeziehen.

Sie werden einige Dinge schon in Ihrer täglichen Arbeit nutzen, ohne es je richtig gemerkt zu haben. Anderes werden Sie auch bei langjähriger Arbeit neu für sich entdecken. Kurz: Dieses Buch bietet Ihnen das nötige Rüstzeug, eine Handlungsanleitung für die Lobbyarbeit vor Ort.

Viel Erfolg!

> Hinweis: In diesem Buch wird zumeist die männliche Form verwendet, zum Beispiel Gesprächspartner statt Gesprächspartner*in. Dies ist ausschließlich der Lesbarkeit geschuldet. Ich bitte den Großteil der Bevölkerung (52 % der Bevölkerung sind weiblichen Geschlechts) um Nachsicht.

1. Einleitung

Was ist Lobbyarbeit?

Laut Wikipedia ist „Lobbyismus, Lobbying oder Lobbyarbeit eine aus dem Englischen (lobbying) übernommene Bezeichnung für eine Form der Interessenvertretung in Politik und Gesellschaft, bei der Interessengruppen („Lobbys") … offizielle Stellen zu beeinflussen versuchen. Außerdem wirkt Lobbying auf die öffentliche Meinung durch Öffentlichkeitsarbeit ein."

Der Begriff Lobbyarbeit geht auf die Lobby (Vorhalle, Wandelhalle) des britischen Parlaments zurück. In der Lobby wurden Parlamentarier von Vertretern verschiedener Gruppen an ihre Abwahlmöglichkeit erinnert und so einer Form der Kontrolle unterworfen. Natürlich galt das damals, als der Begriff geprägt wurde, nicht für alle Gesellschaftsschichten. Vielmehr durften nur die oberen Klassen den direkten Kontakt suchen. In unserer modernen Zeit ist es nicht mehr so einfach, die relevanten Entscheider in einer Vorhalle zu treffen (dafür kann es jeder schaffen, man muss kein Lord mehr sein). Die Welt ist komplizierter geworden und politische Entscheidungen werden über einen langen Zeitraum auf vielen verschiedenen Ebenen vorbereitet und abgestimmt. Wie die Definition zeigt, ist die Pflege persönlicher Verbindungen ein Hauptteil der Arbeit. Und Pflege bedeutet Arbeit und Engagement.

Daneben wirkt Lobbyarbeit laut Definition auch auf die Öffentlichkeit ein. Das heißt, Aktionen und Veranstaltungen müssen organisiert, Journalisten mit Informationen versorgt und Verbündete gesucht werden, die das eigene Anliegen unterstützen. Dafür wird Organisation und strategische Planung benötigt.

> Gute Lobbyarbeit ist vielschichtig und braucht einen langen Atem.

Für die Arbeit vor Ort wird deshalb eine Handlungsanleitung benötigt, die das notwendige Handwerkszeug bietet und gleichzeitig an die vorhandene, meist knappe Zeit und die beschränkten Ressourcen angepasst ist. Die einzelnen Elemente einer solchen angepassten Lobbyarbeit lassen sich anschaulich in einer Grafik darstellen. Den Rahmen bildet eine Strategie, in der die verschiedenen Zielgruppen integriert sind. Alle Bereiche müssen ineinandergreifen, um effektive Lobbyarbeit auf regionaler Ebene betreiben zu können.

Schema Lobbyarbeit

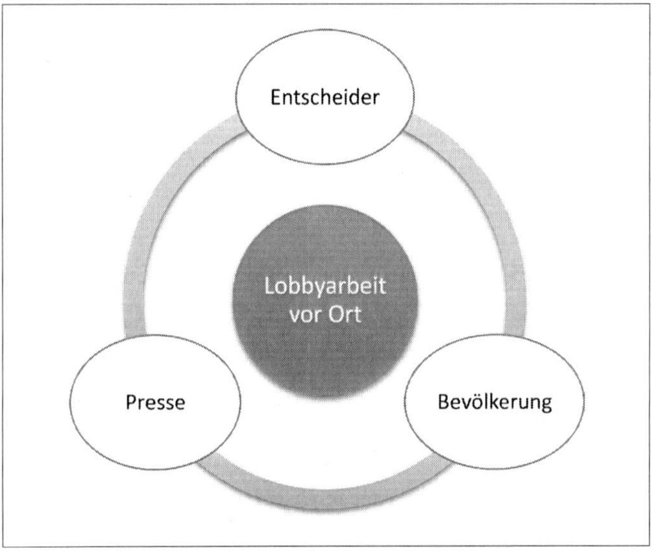

Zum Aufbau des Buches

Das Buch ist gemäß dieser Grafik aufgebaut. Vor der eigentlichen Beschreibung der Arbeit werden zu Beginn zehn „Gebote" vorgestellt, die die Richtschnur Ihrer Arbeit bilden. Beherzigen Sie diese – es wird Ihre Arbeit einfacher machen.

Die Entwicklung einer Lobbystrategie steht am Anfang. Für die langfristigen und komplexen Aufgaben der Lobbyarbeit brauchen Sie eine Strategie. Sie benötigen konkrete Ziele, Zeit- und Aufgabenpläne. Gute Planung ist das „A" und „O" einer guten Lobbyarbeit.

Mit dieser Strategie können Entscheider in Politik und Verwaltung gezielt „bearbeitet" werden. Das Vorgehen, um diese Personen zu erreichen, wird im zweiten Teil beschrieben. Es gilt, Kontakte zu den relevanten Personen aufzubauen, Informationen zum richtigen Zeitpunkt an den richtigen Mann oder die Frau zu bringen und dabei den Überblick über das gesamte Verfahren zu behalten.

Das Thema Öffentlichkeitsarbeit wird im dritten Kapitel angesprochen. Sie müssen in Ihrer Lobbyarbeit auch die Menschen vor Ort ansprechen. Insgesamt ist das Ganze natürlich sehr komplex – nicht umsonst befassen sich ganze Berufszweige (PR-Berater, Kommunikationsabteilungen, Pressereferenten etc.) damit. Trotzdem kann man schon mit einfachen Mitteln eine Menge erreichen.

Und nicht zuletzt müssen Sie auch die Presse in Ihre Tätigkeiten einbeziehen. Die Presse brauchen Sie als Vermittler und als Verbündeten. Erst mit guter Pressearbeit können Sie Ihr Thema positiv besetzen und Druck auf Entscheider ausüben. Und auch die Pressearbeit lebt von langfristigen Beziehungen. Wie Sie diese aufbauen, erfahren Sie im vierten Kapitel.

Mit diesem Grundgerüst können Sie Ihre Lobbyarbeit vor Ort planen und umsetzen. Nutzen Sie dieses Buch Schritt für Schritt als Anleitung, um direkt Ihre Arbeiten zu planen.

Exkurs: Die negativen Seiten der Lobbyarbeit

Ein Buch zum Thema Lobbyarbeit ist unvollständig, wenn nicht auch die negativen Seiten der Lobbyarbeit beleuchtet werden. Als Lobbyist sollte man auf diese Kritik vorbereitet sein, und sei es auch nur, um auf der nächsten Veranstaltung gewappnet zu sein. Deshalb an dieser Stelle ein kurzer Exkurs zu dem Thema.

Wer entscheidet in unserer Gesellschaft? Diese Frage lässt sich nicht leicht beantworten. In unserer modernen Demokratie mit seiner Vielzahl von Akteuren und der Vielfalt an Entscheidungsstrukturen überblicken häufig nur noch Fachleute das Chaos. In der Politikwissenschaft gibt es unzählige Arbeiten darüber, wie Entscheidungen in der Politik zustande kommen. Kann überhaupt noch von transparenten Strukturen gesprochen werden? Kann der Bürger Entscheidungen überhaupt noch beeinflussen?

Um hier gleich den Systemkritikern den Wind aus den Segeln zu nehmen: Demokratie ist nicht einfach und nicht perfekt. Ja, es gibt Probleme und Schwachstellen, aber im Gegensatz zu allen anderen Systemen besitzen die Menschen in einer Demokratie die meisten Mitwirkungsmöglichkeiten. Schon Winston Churchill sagte: „Die Demokratie ist die schlechteste aller Staatsformen, ausgenommen alle anderen." Gesprächspartner, die etwas anderes behaupten und auf die Defizite unsere Demokratie verweisen, kann man ganz einfach fragen, wie es denn anders funktionieren sollte. Die Geschichte (und auch der Blick über unsere Landesgrenze hinweg) zeigt genug Beispiele, was passiert, wenn man die demokratischen Entscheidungssysteme geringschätzt.

Lobbyarbeit gehört zur modernen Demokratie. Kein Mensch ist mehr in der Lage, auch nur ansatzweise alle Aspekte eines einzelnen Fachbereichs zu überblicken. Dafür werden Experten benötigt. Diese beraten die Politiker und Politikerinnen und sorgen so für die notwendige fachliche Expertise. Das ist Lobbyarbeit. Und auch von der Grundidee her ist Lobbyismus nichts Negatives. Um verschiedene Sichtweisen in eine politische Entscheidung zu integrieren, müssen Verfahren geschaffen werden, mit denen Gruppen sich aktiv beteiligen können. Die Adressaten einer politischen Entscheidung sollen die Möglichkeit haben, sich in den politischen Prozess einzubringen.

„Ein guter Lobbyist steht als Ansprechpartner zur Verfügung. Er bietet Hilfe bei Sachfragen und unterstützt die Politik und Verwaltung bei der Gesetzgebung." So ein hochrangiger Lobbyist eines großen deutschen Wirtschaftsverbandes.

Soweit die Theorie und die Idealvorstellung. Natürlich sieht die Realität anders aus. Jeder Lobbyist vertritt nur eine einzige Meinung im politischen System: nämlich diejenige seines Auftraggebers. Je nach Präferenz des Lobbyisten sind die Argumente „eingefärbt". „Die andere Seite" macht es genauso. Wo ist dann das Problem? Das Problem liegt in den verfügbaren Ressourcen und auf der menschlichen Ebene, denn Ressourcen sind immer knapp. Für alle Arbeit gilt, dass drei Ebenen berücksichtigt werden müssen: Geld, Zeit und Personal.

- Ressource Geld: Es macht einen Unterschied, ob kopierte Papiere oder Hochglanzbroschüren verteilt werden.
- Ressource Zeit: Wie oft kann ich meine Argumente in den Entscheidungsprozess einbringen? Habe ich Zeit für ein Gespräch zwischen Tür und Angel oder kann ich auf Veranstaltungen, in Sitzungen und auf sonstigen Ebenen die Sichtweise meines Auftraggebers immer wieder vortragen?
- Ressource Personal/Manpower: Einzelkämpfer haben es immer schwer. Steht einem eine ganze Abteilung zur Verfügung, kann man natürlich ganz anders agieren.

Die ungleiche Ressourcenverteilung der verschiedenen Akteure hat Einfluss auf die Sichtbarkeit einer Meinung im politischen Prozess. „Wer hat, dem wird gegeben."

Ein weiteres Problem liegt, einfach gesagt, im Menschlichen. Wir umgeben uns gerne mit Menschen, die uns ähnlich sind, die unsere Ansichten und Werte teilen und eventuell sogar in ähnlichen Lebensumständen sind. Das macht empfänglicher für gewisse Sichtweisen. Man ist offener für Personen, die aus der gleichen Schicht stammen. Eine Politikerin, die selber ein

Unternehmen geleitet hat, wird den Argumenten der Unternehmensseite offener gegenüberstehen.

Verschärft werden die Probleme dadurch, dass Lobbyismus nicht nur darin besteht, einzelne Personen zu überzeugen. Lobbyarbeit ist ein vielschichtiger Prozess, bei dem es darum geht, Themen zu setzen und Diskussionen zu beeinflussen. So muss beispielsweise auch die Öffentlichkeit überzeugt werden, und dies ist ein langer und intensiver Prozess. Nicht alle Akteure und Meinungen können diesen Prozess leisten.

Und es darf nicht verschwiegen werden, dass Ansichten durchaus auch verkauft werden können. Direkte Bestechungsversuche kommen glücklicherweise selten, aber doch hin und wieder vor. Jedes Parlament ist ein Querschnitt der Bevölkerung. Darunter sind auch weniger integre Personen. Indirekte Bestechungen hingegen gibt es öfter und sie sind schwerer zu erkennen. Dies kann ganz harmlos mit einer Einladung zu einem eleganten Mittagessen beginnen, zu einer Veranstaltung in ein Nobelhotel, als bezahlter Gastredner auf einer internationalen Konferenz mit Partnerprogramm oder bis hin zu einem lukrativen Job nach der aktiven Politikerkarriere.

Die Akteure sind sich dieser Probleme durchaus bewusst und es wurden umfangreiche Regeln erlassen, um derartige Auswüchse zu bekämpfen. Viele Politiker und Politikerinnen haben zudem ihren Terminkalender öffentlich gemacht. Auf Veranstaltungen wird in aller Regel darauf geachtet, alle Meinungen und Ansichten zu Wort kommen zu lassen. Und, nicht zu vergessen: Die verschiedenen Parteien sind selbst verschiedene Interessenverbände. So werden eher konservativ orientierte Parteien offener für bestimmte Ansichten sein. Die Gegenseite hat wieder andere Interessen, die sie vorwiegend vertritt, und so weiter. Auch hat die moderne Demokratie ein System entwickelt, um Entscheidungen möglichst transparent zu fällen: In öffentlichen Ausschüssen, Sitzung und im vielschichtigen politischen Entscheidungssystem. Wie gesagt, das System ist nicht perfekt, aber es ist das beste, das wir haben.

Lobbyismus ist dann ein Problem, wenn Entscheidungen nicht mehr transparent sind, die Einflussgruppen über ungleich verteilte Ressourcen verfügen und den handelnden Personen die menschliche Dimension wichtiger ist als das Gemeinwohl.

Fazit
Sie sollen an dieser Stelle zwei Dinge mitnehmen:

Erstens: In der Regel werden Sie nicht über die Mittel verfügen, um negative Lobbyarbeit durchzuführen. Glücklicherweise! Sie als Lobbyist sollten ehrlich bleiben. In der Regel führt man damit ein zufriedeneres Leben.

Zweitens: Seien Sie sich bewusst, dass auch Sie nur die Interessen eines Teils der Bevölkerung vertreten. Wie wichtig Sie Ihr Thema auch einschätzen, Sie als Lobbyist vertreten gewisse Werte und Sichtweisen, die nicht unbedingt alle Menschen teilen. Machen Sie dies ruhig deutlich. Wenn Sie damit offensiv umgehen, werden Sie als ehrlicher Gesprächspartner geschätzt. Ein zusätzlicher Nutzen: Sie verkraften Niederlagen leichter. Die Welt wird nicht untergehen, bloß weil Sie Ihre Meinung nicht durchgesetzt haben. Ein realistischer Blick hilft bei der Arbeit.

„Handle nur nach derjenigen Maxime, durch die du zugleich wollen kannst, dass sie ein allgemeines Gesetz werde." Immanuel Kant formulierte den kategorischen Imperativ in seinem Werk „Grundlegung zur Metaphysik der Sitten" (1785).

2. Zehn Gebote für die Lobbyarbeit

Vorweg stehen zehn Gebote, die Grundlage Ihres Handelns werden müssen. Wenn Sie diese Punkte in Ihrer Lobbyarbeit beachten, steht einer erfolgreichen Umsetzung nichts mehr im Wege.

Hängen Sie sich die folgenden „Gebote“ über Ihren Schreibtisch – am Ende des Kapitels finden Sie davon eine grafische Darstellung. Lobbyarbeit ist eine langfristige Angelegenheit. Manchmal vergisst man auf dem Weg einfache Sachen und ist hinterher erstaunt, dass die Arbeit keine Früchte trägt. Mit diesen zehn Geboten legen Sie die Grundlagen für die erfolgreiche Lobbyarbeit. Im weiteren Verlauf dieses Buches werden diese Grundlagen immer wieder auftauchen und genauer erläutert.

1. Haben Sie ein Ziel vor Augen

Wie ein Tischler eine genaue Vorstellung vom Endprodukt haben muss, müssen auch Sie schon im Vorfeld wissen, was Sie mit Ihrer Arbeit erreichen wollen. Soll der Tisch eckig oder rund werden? Das ist elementar wichtig für die Auswahl des Materials, der Werkzeuge und auch der Arbeitszeit, die der Tischler investieren muss. Und genau so müssen Sie bei Ihrer Lobbyarbeit vorgehen. Wollen Sie Ihr Thema bekannt machen, etwas verändern oder etwas verhindern? Und was genau wollen Sie wirklich erreichen? Diese Fragen zu beantworten ist nicht so einfach, wie es auf den ersten Blick erscheint. Vor allem, wenn Sie mit anderen Menschen gemeinsam arbeiten, kann es mehr Ziele als Personen geben.

Konkrete Ziele dienen auch dazu, sich selber zu motivieren. Kein Bergsteiger würde die Strapazen seines Sports auf sich nehmen, wenn am Ende nicht ein Berggipfel auf ihn warten würde. Wenn unklar bleibt, wohin das eigene Handeln führt, verlieren viele die Motivation. Sie wissen nicht, wofür Sie sich anstrengen, entwickeln kein Vertrauen in die eigene Tätigkeit und die Umsetzung bleibt auf der Strecke.

Wichtig ist auch, dass Sie Ihr Ziel immer wieder überprüfen. Es kommt häufig vor, dass sich Ziele im Laufe der Arbeiten verändern. Ebenso häufig kommt es vor, dass Ziele „vergessen“ werden. Es gibt so viel zu tun, andere Aufgaben sind auch wichtig oder sogar spannender, irgendwie sind wir irgendwo falsch abgebogen … Dinge, die immer wieder passieren und leider meist zum Scheitern führen.

Sie müssen wissen, was Sie erreichen wollen. Haben Sie immer ein Ziel vor Augen, wohin Ihre Arbeit gehen soll.

2. Planen Sie Ihre Arbeit

Dieser Punkt hört sich einfacher an, als er wirklich ist. Viele Menschen wollen etwas bewegen, aktiv werden und schnell Erfolge sehen. Schließlich habe sie ein Thema, für das sie sich einsetzen, und Zeit ist immer knapp. „Es gibt so viel zu tun, da müssen wir doch endlich mal anfangen, sonst sitzen wir morgen noch hier". Dann werden Veranstaltungen organisiert oder Termine gesetzt, ohne wirklich was in der Hand zu haben. Die Wirkungen sind dann sehr begrenzt. Frust setzt ein und es werden immer weniger, die sich noch engagieren. An diesem Punkt scheitern die meisten Initiativen. Wenn sich erst einmal eine negative Stimmung aufgebaut hat, ist es schwer, das Steuer wieder herumzureißen.

Auch wenn es richtig ist, das Engagement und den Schwung der Anfangszeit mitzunehmen, ist es noch viel wichtiger, erst einmal eine konkrete Strategie aufzustellen. „Was wollen wir wann wie erreichen?". Je nach Thema kann eine Strategie für einige Monate oder einige Jahre sinnvoll sein. Die Strategie für die eigene Lobbyarbeit muss hinreichend konkret sein, um Aufgaben und Zeitpläne zu entwickeln. Aber sie muss auch flexibel genug sein, wenn unvorhergesehene Ereignisse auftreten. Und vor allem muss sie an die eigenen Ressourcen angepasst werden. Vieles ist möglich, aber Zeit ist begrenzt.

Nehmen Sie sich für die Planung Ihrer Lobbyarbeit Zeit. Am besten mit Mitstreitern, die das gleiche Ziel wie Sie verfolgen. An dieser Stelle sollte nichts überhastet werden.

Eine Strategie ist unerlässlich. Machen Sie sich einen Plan. Damit vermeiden Sie vergeblichen Aufwand und unnötigen Frust.

3. Sprechen Sie alle Entscheider an

Gemeinhin denken viele bei Lobbyarbeit an Gespräche mit Politikern und Politikerinnen. Schließlich sind das Personen, die in der Öffentlichkeit stehen und Entscheidungen zu verantworten haben. Dabei sind in unserer modernen Demokratie die Entscheidungswege viel komplizierter. Kein einzelner Mensch kann mehr aus einem Bauchgefühl heraus eine politische Entscheidung treffen. Jede Entscheidung braucht einen Vorlauf und den richtigen Zeitpunkt, an dem sie durchgesetzt werden kann. Auch sind die Folgen einer Entscheidung nur selten exakt vorherzusagen. Dafür braucht es Experten: Für die Rechtssicherheit benötigt man juristische Gutachten, für die Umsetzung ist eine passende Verwaltung erforderlich, und so weiter und so fort. Man sieht auf den ersten Blick, dass eine Menge Personen nötig sind, um Politik zu machen, und damit auch eine Menge Abstimmungen, Anhörungen, Beratungen und Entscheidungsverfahren.

Dieses System zu durchschauen ist nicht einfach. Aber keine Panik, man kann die verantwortlichen Personen einfach fragen, und nach einer gewissen Zeit bekommt man auch ein Gefühl dafür. Wichtig für Sie als Lobbyist ist, alle relevanten Personen in jeder politischen Phase in Ihre Arbeit einzubeziehen. Sie müssen die Menschen erreichen, die den Prozess vorbereiten. Diejenigen ansprechen, die an der Entscheidung beteiligt sind. Und nicht zuletzt muss auch die Umsetzung begleitet werden. Denn allzu oft ist eine Maßnahme gut gemeint, wird aber schlecht umgesetzt.

Um in diesem Entscheidungsdschungel durchzublicken, müssen Sie Ihre Zielpersonen schon im Vorfeld genau kennen und angesichts des zur Verfügung stehenden Zeitbudgets in „wichtige" und „unwichtige" aufteilen. Man kann nicht alle Personen dauernd bearbeiten.

Planen Sie Ihre Zielgruppen. Wen sollten Sie wann in Ihre Arbeit einbeziehen?

4. Seien Sie eine Persönlichkeit

Lobbyarbeit beruht zu einem großen Teil auf dem Aufbau persönlicher Kontakte. Werden Sie als integrer und angenehmer Gesprächspartner geschätzt, haben beide Seiten etwas davon.

Für effektive Lobbyarbeit sind Ihre persönlichen Eigenschaften wichtig. Erkennen Sie Ihre Stärken und nutzen Sie diese, seien Sie sich aber auch Ihrer Schwächen bewusst. In einer Stellenanzeige für Lobbyisten steht: „Ihre persönlichen Stärken sollten Kompetenzen wie fachliches Wissen, Kommunikationsfähigkeit, vorausschauendes Denken, Vermittlungskompetenz und Konfliktfähigkeit beinhalten". Als Einsteiger reicht es, Lust auf die Arbeit zu haben und es einfach mal auszuprobieren. Sie können nicht viel falsch machen, wenn Sie sich an die Regel halten, dass Sie als netter Mensch wahrgenommen werden möchten. Und dazu gehören insbesondere zwei Punkte:

1. Seien Sie glaubwürdig. Alle Fakten, die Sie verwenden, sollten auf Tatsachen beruhen. Täuschen Sie keine falschen Informationen vor, um Entscheidungen zu manipulieren. Irgendwann kommen Lügen ans Tageslicht.
2. Argumentieren Sie sachlich. Sie wollen andere Menschen bewegen und von Ihren Ansichten überzeugen. Werden Sie nicht emotional, auch wenn dies manchmal schwerfällt. Machen Sie sich klar, dass Sie nur eine Meinung unter vielen vertreten. Nicht jede Person muss Ihre Ansichten teilen.

Es gibt ein sehr effektives Hilfsmittel, um sich selber infrage zu stellen: andere Menschen. Suchen Sie bewusst Mitmenschen, die Ihrer Sache kritisch bis neutral gegenüberstehen. Diskutieren Sie mit diesen, prüfen Sie Ihre Argumentation, aber auch Ihre Emotionen. Sie werden sehen, auch menschlich wächst man an diesen Gesprächen.

> Seien Sie ein aufrechter, angenehmer Gesprächspartner. Vermeiden Sie starke Emotionen.

5. Vertreten Sie das Allgemeinwohl

Haben Sie immer das Gemeinwohl im Blick, wenn Sie Ihr Thema vertreten. Das bedeutet nichts anderes, als dass Sie sehr genau darstellen müssen, warum Ihr Thema für alle Menschen wichtig ist. Politiker und Behördenvertreter verstehen sich in erster Linie als Anwälte des Gemeinwohls. Wenn Sie nur ein Einzelinteresse vertreten, ist es ein Leichtes, dies zu ignorieren oder Sie gegenüber anderen Interessenvertretern auszuspielen. Sie wollen ein Naturschutzgebiet in Ihrer Gemeinde erhalten? Arbeitsplätze und gute Gemeindefinanzen sind aber genauso wichtig (und eventuell auch gefährdet). Sollte das Unternehmen dann nicht dort bauen dürfen? In diesem Beispiel werden Sie Ihr Ziel nur erreichen, wenn Sie es schaffen, das Naturschutzgebiet für die gesamte Gemeinde als positiven Faktor darzustellen.

Haben Sie immer eine Alternativlösung parat. Ein reines Verhindern, wie in diesem Beispiel die Bebauung des Naturschutzgebietes, wird in der Regel nicht funktionieren. Legen Sie dar, wo stattdessen das Unternehmen angesiedelt werden kann, wie andere Arbeitsplätze geschaffen oder die Gemeindefinanzen besser saniert werden können. Sie müssen es schaffen, Ihre Sichtweise als die beste aller möglichen Alternativen zu präsentieren. Stellen Sie Ihre Sache positiv dar, indem Sie die Initiative ergreifen und intelligentere Lösungen als die bisherigen anbieten. Dann haben Sie die größten Chancen.

Stellen Sie nicht die eigene Betroffenheit in den Vordergrund. Versuchen Sie, für einen möglichst großen Teil der Bevölkerung zu sprechen. Formulieren Sie Ihre Ziele positiv.

6. Finden Sie Verbündete

Wie oben schon beschrieben ist die Lobbyarbeit eine vielschichtige Angelegenheit. Sie müssen auf verschiedenen Ebene aktiv werden. Das kostet Zeit und Nerven. Verteilen Sie die Aufgaben auf mehrere Schultern. Sie können kaum alles alleine schaffen.

Machen Sie sich klar, wo Ihre potenziellen Verbündeten sitzen. Wer interessiert sich noch für das Thema? Sprechen Sie diese Personen gezielt an, organisieren Sie Veranstaltungen mit dem Ziel, weitere Mitstreiter zu finden. Starten Sie Aufrufe über lokale Zeitungen und Netzwerke. Es gibt viele Möglichkeiten. Wenn Sie ein solides Fundament an Unterstützern finden, sparen Sie viel Zeit in Ihrer weiteren Arbeit ein.

Versuchen Sie auch, einen weiteren Kreis von Verbündeten aufzubauen. Dies sind Personen, die nicht direkt mit Ihnen am Thema arbeiten, Ihr Anliegen aber unterstützen. Lernen Sie von anderen Initiativen und tauschen Sie Erfahrungen aus. Finden Sie Gemeinsamkeiten, eventuell auch nur temporär. Seien Sie offen für ganz andere Menschen und Gruppen. Häufig trifft man auf Akteure, von denen man nie gedacht hätte, dass diese einen unterstützen würden.

Vermeiden Sie, alleine zu arbeiten. Die Last verteilt sich besser auf mehrere Schultern.

7. Gehen Sie in die Öffentlichkeit

Lobbyarbeit beruht auf der Kraft des Arguments. Da es aber viele gute Argumente gibt, reicht dies nicht aus. Positiver Druck an den richtigen Stellen sorgt dafür, dass gute Argumente eher als andere gehört werden. Es gibt einfach zu viele Interessen und Themen, die dringend sind. Auch Politiker haben nur begrenzt Zeit. Da ist (positiver) öffentlicher Druck notwendig, um ein Thema voranzubringen und die Akteure zum Handeln zu bewegen. Je stärker dieser ist, desto bereitwilliger werden Entscheidungspersonen ihm nachgeben und entsprechende Kompromisse anbieten.

Gezielte Öffentlichkeit hilft auch, um selber als Gesprächspartner akzeptiert zu werden. Wie gesagt, auch Entscheider haben nur begrenzt Zeit. Wenn Sie in der Öffentlichkeit bekannt sind, wird man Sie eher anhören müssen – und Ihnen dafür Zeit einräumen. Dementsprechend müssen Sie möglichst große Teile der für Sie relevanten Öffentlichkeit auf Ihre Seite ziehen. Sie müssen nicht die gesamte Bevölkerung erreichen. Es reicht der Teil, der für Ihre Sache interessant ist. Strategische Öffentlichkeitsarbeit lebt nach dem Prinzip, die Menschen anzusprechen, die relativ einfach erreicht werden können.

> Ziehen Sie die Öffentlichkeit gezielt auf Ihre Seite.
> Mit Strategie.

8. Nutzen Sie die Presse als Verbündeten

Die Presse benötigen Sie, um Ihr Anliegen in die Öffentlichkeit zu bringen. Damit erhöhen Sie den Druck auf die Entscheider in Politik und Verwaltung. Die Presse ist der einfachste Ansprechpartner, um Werbung für sein Anliegen zu machen. Für die Presse gilt jedoch genau das Gleiche wie für die Politik: Es gibt haufenweise wichtige Themen, aber nur begrenzt Zeit und in diesem Falle Platz für Artikel oder Nachrichten. Gute Pressearbeit lebt von einem strategisch durchdachten Vorgehen. Finden Sie die für Sie relevanten Presseorgane heraus. Wenn es sich um ein regionales Thema handelt, wird die bundesdeutsche

Presse Ihnen nicht viel bringen. Konzentrieren Sie sich lieber auf die Akteure vor Ort. Das können auch ganz kleine Blätter sein. Wichtig ist nur, dass diese direkt auf Ihre Zielgruppe passen.

Das einfachste Mittel des guten Lobbyisten ist wie gesagt der Aufbau persönlicher Beziehungen. Wenn Sie die zuständigen Personen direkt kennen, wird es einfacher, Ihr Thema zu platzieren. Journalisten sind immer auf der Suche nach guten Themen, werden aber kaum noch für Recherche bezahlt. Sind Sie ein angenehmer, seriöser Kontakt (siehe viertes Gebot), haben Ihre Ideen eine viel höhere Chance, berücksichtigt zu werden.

Bauen Sie stabile Kontakte zur Presse auf. Nutzen Sie die Presse sinnvoll und effizient.

9. Planen Sie Ihre Finanzen

Gute Lobbyarbeit ist ohne finanzielle Mittel kaum möglich. Selbst wenn Sie Ihre Arbeit ehrenamtlich machen, brauchen Sie beispielsweise für Informationsmaterial oder Veranstaltungen Mittel zur Umsetzung. Diese müssen nicht mal sonderlich hoch sein. Vermeiden Sie es aber, alles aus eigener Tasche zu bezahlen. Bei Geld hört die Freundschaft auf. Bringt man sein Anliegen nicht durch, ist nicht nur der Frust über die verlorene Zeit groß, sondern auch der Ärger über das verlorene Geld. Dies soll kein Argument gegen sinnvolle Investments sein. Sicherlich muss man Geld in die Hand nehmen, um Dinge voranzubringen, aber vermeiden Sie den persönlichen Ruin. Planen Sie deshalb Ihre Finanzen strategisch. Wofür wird wie viel Geld benötigt? Wie kommen wir (!) an die nötigen Mittel? Tatsächlich zeigt die Erfahrung, dass man für gute Zwecke relativ schnell Sponsoren findet, wenn der Zweck den Interessen der Geldgeber entspricht.

Professionelles Fundraising kann man studieren. Gute Fundraiser verfügen über jahrzehntelange Erfahrung. Glücklicherweise benötigen Sie für Ihre Arbeit keine solche Expertise. Ein strategisches Vorgehen reicht, um die wichtigsten Aufgaben erledigen zu können. Lediglich etwas Fantasie und Individualität sind gefragt, um gute Ideen zur Umsetzung zu entwickeln.

Planen Sie Ihre Finanzen strategisch. Suchen Sie gezielt Fördermöglichkeiten und sprechen Sie diese individuell an – mit den richtigen Argumenten.

10. Feiern Sie Erfolge

Der letzte Punkt ist vielleicht der wichtigste: Haben Sie Spaß! Insbesondere wenn die Lobbyarbeit nicht Teil Ihres Berufslebens ist, ist die Eigenmotivation ein wesentlicher Schlüssel zum Erfolg. Wie gezeigt braucht Lobbyarbeit einen langen Atem und große Erfolge sind dünn gesät. Viele verlieren im Laufe der Zeit die Motivation und geben frühzeitig auf, wenn es mal nicht so gut läuft. Tappen Sie nicht in diese Falle. Genießen und feiern Sie auch kleine Etappensiege, am besten gemeinsam mit Ihren Mitstreitern. Und lassen Sie sich nicht von Ihrer Sache vereinnahmen. Es gibt noch andere wichtige Themen. Freunde, Familie, Sport sind ebenfalls wichtig und benötigen Platz im Leben. Wenn Ihr Wohl nur von einem Thema abhängt, kann es schnell frustrierend werden. Passen Sie auf sich auf und genießen Sie auch kleine Erfolge. Nehmen Sie sich ganz bewusst den Raum dafür.

Bleiben Sie positiv. Feiern Sie Erfolge.

Übersicht: Die zehn „Gebote“ der Lobbyarbeit

- Haben Sie ein Ziel vor Augen
- Planen Sie Ihre Arbeit
- Sprechen Sie alle Entscheider an
- Seien Sie eine Persönlichkeit
- Vertreten Sie das Allgemeinwohl
- Bleiben Sie nicht alleine
- Gehen Sie in die Öffentlichkeit
- Nutzen Sie die Presse
- Planen Sie Ihre Finanzen
- Feiern Sie Erfolge

3. Entwicklung einer Lobbystrategie

Lobbyarbeit bedeutet, die entscheidenden Personen aus Politik, Verwaltung und Öffentlichkeit von der eigenen Sache zu überzeugen. Hierfür wird eine Strategie benötigt.

BEISPIEL: Die Gruppe wird immer kleiner. Obwohl zum Auftakttreffen der Initiative gegen den Bau des Einkaufszentrums über 50 Menschen kamen, sind nach fünf Treffen nur noch eine Handvoll übrig. Endlose Diskussionen prägten die Treffen. Und selbst das Ziel der Gruppe war nach den Treffen immer noch unklar. „Wollen wir das Zentrum komplett verhindern? Soll es woanders hin? Soll es nur kleiner ausfallen?" Keiner wusste mehr weiter.

Wie kam es dazu? Am Anfang waren sich doch alle einig, dass etwas geschehen muss. Viele Initiativen und Vereine kennen das Problem: Viel Lärm um nichts, man kommt nicht voran und die Zahl der Aktiven wird immer kleiner. Häufig scheitern Initiativen an den Grundlagen: Keiner weiß so recht, wie es vorangehen soll. Weder ist das Ziel bekannt noch, welche Schritte als Nächstes anstehen. Hier helfen gute Planung und eine Strategie. Aber:

- Viele wollen sofort aktiv werden: „Wir sind doch nicht zum Reden hier!"
- Planung ist anstrengend: „Strategie? Das ist doch was für Fachleute. Wir sind hier eine Gruppe von Bürgern, keine Profis."

Sie werden bei Ihrer Arbeit auf diese Reaktionen treffen. Es ist für viele Menschen anscheinend leichter, sofort mit der Arbeit anzufangen, als erst mal in Ruhe nachzudenken. Geduld ist keine Tugend aller Menschen. Machen Sie sich (und Ihren Mitstreitern) klar, dass es sich lohnt, eine Strategie zu entwickeln. Damit Ihnen die Überzeugungsarbeit leichter fällt, hier ein paar Argumente:

Planung findet überall statt: Wie sieht Ihre tägliche Arbeit aus? Wenn Sie zu Hause abwaschen, ist es sinnvoll, erst die leicht verschmutzten Gläser und Becher zu spülen, bevor die stark verdreckten Töpfe an die Reihe kommen. Fünf Sekunden Nachdenken sparen oft viel Zeit, Arbeit und Ressourcen.

Planung stärkt den Zusammenhalt der Gruppe: Besonders wenn mehrere Personen beteiligt und vielschichtige Aufgaben zu erledigen sind, ist gute Planung das A und O. Je genauer Sie am Anfang planen und Aufgaben verteilen, desto einfacher ist es, während der Arbeit den Überblick zu behalten.

Der Zeitfaktor: Die Zeit, die in eine gute Planung investiert wird, ist nicht verloren. Sie wird nachher bei der Umsetzung doppelt und dreifach gespart. Wenn erst mal Einigkeit über die Ziele und den Ablauf besteht, kann alle Energie in die Umsetzung fließen.

Erfolgskontrolle: Eigentlich ist man immer unzufrieden. Egal wie gut eine Aktion oder ein Projekt gelaufen ist, es hätte immer noch besser sein können. Auch hier hilft gute Planung. Legen Sie vorher fest, was Sie wie erreichen wollen. Am Ende können Sie dann abschätzen, ob Sie Erfolg hatten.

Alle ziehen an einem Strang: Jeder ist aus einem anderen Grund dabei. Jeder hat sein eigenes Interesse, mitzumachen. Werden diese unterschiedlichen Interessen nicht am Anfang benannt und dann eine Lösung gefunden, wird jeder sein eigenes Süppchen kochen.

Gute Planung erhält die Motivation: Häufig scheitern die besten Ideen daran, dass den Aktiven irgendwann die Luft ausgeht. „Es geht nicht voran, bislang haben wir so wenig erreicht!" Eine gute Planung hilft, dem entgegenzuwirken: „Wo stehen wir gerade?" „Was haben wir bislang erreicht und was liegt noch vor uns?" Wenn bekannt ist, wo man sich gerade befindet, ist der weitere Weg einfacher.

BEISPIEL: Unter Begleitung eines externen Moderators wurde der Prozess neu aufgerollt. Die verbliebene Gruppe einigte sich darauf, noch mal ganz von vorn anzufangen. Es wurde zu einer Bürgerversammlung eingeladen, um über den Planungsstand des Einkaufszentrums zu berichten. Eingeladen waren Vertreter der Stadt und verschiedener Verbände. Auch viele Ehemalige der Gruppe hat man direkt angesprochen. Auf der Versammlung wurde eine Grobstrategie entwickelt und der weitere Weg skizziert. Es konnte eine neue Initiative gegründet werden. Diese traf sich zwei Wochen später zur Auftaktsitzung.

Machen Sie Ihren Mitstreitern die Notwendigkeit einer Strategie deutlich. Auch gegen Widerstände. Blinder Aktionismus führt zu nichts.

Wichtig: Kein starres Konzept

Im Internet und in der Literatur finden sich eine Reihe von Vorschlägen, wie strukturierte Lobbyplanung auszusehen hat. Die meisten sind für professionelle Akteure interessant, aber selbst für diese in der täglichen Praxis noch zu theoretisch und starr. In diesem Ratgeber sollen Sie keine Patentrezepte erhalten und keinen aufwendigen Katalog möglicher Verfahrensschritte. An dieser Stelle wird ein einfach anzuwendender Ablaufplan vorgestellt, mit dem Sie, am besten gemeinsam mit Ihrer Gruppe, Ihre Lobbyarbeit vom Anfang bis zum Ende durchplanen können. Sie lernen zudem ein paar nützliche Methoden und Hilfsmittel kennen, wie Sie Ihre Arbeit möglichst einfach und zeitsparend durchführen können.

Planung ist ein Prozess in der Entwicklung. In der Praxis werden einige Arbeitsschritte parallel laufen oder die Reihenfolge kann sich abwechseln. Sie werden auch immer wieder einen Schritt wiederholen müssen, da die Realität partout nicht in Ihr Modell passen will. Machen Sie also nicht den Fehler, den geplanten Ablauf auf Biegen und Brechen durchzuhalten. Ein bisschen Struktur tut immer gut, zu viel hemmt die Kreativität. Bleiben Sie flexibel.

Vieles von dem, was Sie hier finden, verwenden Sie in der Praxis schon. Sie machen vieles richtig, ohne es überhaupt zu wissen. Genießen Sie das Gefühl.

Entwicklung einer Lobbystrategie

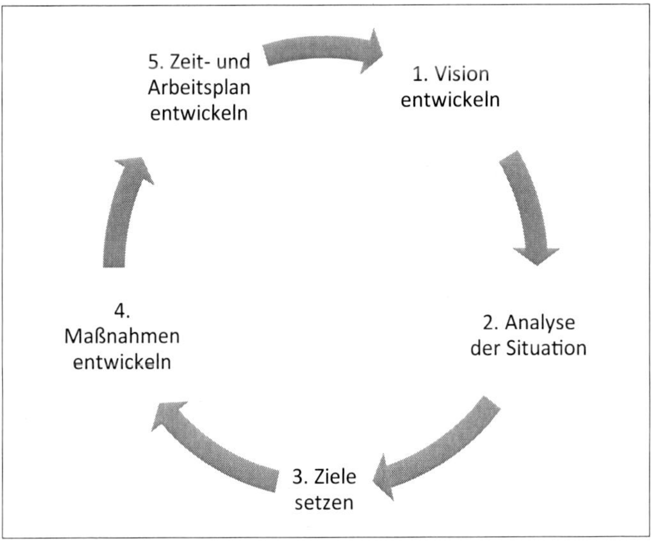

3.1 Zuerst: die Vision

„Eine Vision ist eine in der Zukunft angesiedelte Vorstellung eines bestimmten Zustandes.“ Eine allgemein gültige Definition dieses Begriffes gibt es nicht. In der Wirtschaft beschreibt eine Vision, was ein Unternehmen in der (fernen) Zukunft erreichen will. Für Ihre Arbeit ist diese Definition zu hoch gegriffen. Wichtig für Sie ist vor allem der Unterschied zwischen einer Vision und einem Ziel. Eine Vision drückt aus, wo und wofür Sie in der Zukunft stehen wollen. Ein Ziel ist etwas Greifbares, das aus aktueller Sicht realistisch erscheint.

Für die eigene Arbeit in einer Initiative oder als Lobbyist ist die Vision eine Richtschnur des eigenen Handelns. Man kann sich auch ganz einfach die Frage stellen: „Warum mach ich das eigentlich?“ In unserem Beispiel geht es ja nicht um das Einkaufszentrum an sich, sondern vielmehr um eine intakte Stadt, eine gesunde Umwelt, den Erhalt der Natur und so weiter. Sie müssen selber Ihre Vision für sich herausfinden. In den meisten Fällen haben Sie dies schon getan, sonst würden Sie sich nicht für Ihr Thema engagieren.

Aber nehmen Sie sich ruhig noch mal die Zeit und schreiben Sie sich Ihre Vision auf. Meist handelt es sich um mehr als eine, aber diese müssen sich ja nicht unbedingt ausschließen. Die eigene Vision muss auch nicht zu hochgestochen sein. „Die Erde retten" ist sicherlich eine großartige Idee, manchmal genügt aber auch „Nette Leute kennenlernen". In einer WG wäre eine Vision beispielsweise: „Wir wollen eine saubere Wohnung haben." Ziel dieser Übung ist, eine gewisse Frustrationstoleranz zu entwickeln. Die eigene Vision hilft nämlich, die unvermeidlichen Durststrecken zu überwinden. Irgendwann kommt bei jeder Arbeit der Punkt, ab dem man am liebsten alles hinschmeißen möchte. Lobbyarbeit ist ein langwieriger Prozess. Man trifft nicht immer auf angenehme Menschen und meist wird man auch nicht mit Zuneigung überschüttet. Wenn dann die Frage „Warum tu ich mir das an?" auftaucht, hilft die Erinnerung an die eigenen Visionen.

Für die Arbeit in einer Initiative brauchen Sie nicht unbedingt eine gemeinsame Vision. Hier reicht ein gemeinsames Ziel in der Regel aus. Die Motive des Engagements können ganz unterschiedlich sein. Wichtig ist nur, einen Weg zu finden, um gemeinsam zusammenzuarbeiten. Es kann aber im Laufe der Arbeiten und wenn man sich besser kennengelernt hat, hilfreich sein, sich über seine Motive zu unterhalten.

> Wie Helmut Schmidt so schön sagte: „Wer Visionen hat, der soll zum Arzt gehen" (auch wenn er es ganz anders gemeint hatte).

3.2 Die Ausgangslage. Wo stehen wir?

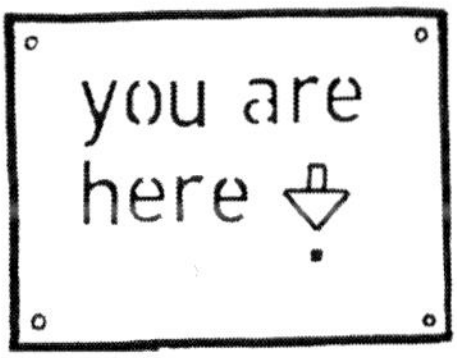

BEISPIEL: Eine Bürgerinitiative forderte jahrelang eine Umgehungsstraße, um ihr Wohngebiet vom Straßenlärm zu entlasten. Die Umgehungsstraße wurde gebaut. Leider musste sie aufgrund natürlicher Gegebenheiten relativ nah am Wohngebiet vorbeigeführt werden. Zudem entdeckten Lkw-Fahrer eine Ausweichstrecke zur stark frequentierten Autobahn. Die Folge: Das Wohngebiet ist durch die Umgehungsstraße noch lauter geworden. Die Gruppe hatte sich vorher nicht genug über die Dimensionen der Strecke und mögliche Alternativen informiert.

Am Anfang jedes Projekts steht die Suche nach Informationen. Auch in Ihrer Arbeit müssen Sie sich zuerst eine Wissensbasis schaffen. In Ihrer Initiative sollte der Wissensstand der Teilnehmer am Ende des Prozesses annähernd gleich sein (für einzelne Unterpunkte darf es aber auch „Experten“ geben).

Informationen zu sammeln ist die eine Sache. Mit diesen vernünftig umzugehen die andere. Durch endlose Daten- und Faktensammlung besteht die Gefahr, nicht mehr zur eigentlichen Arbeit zu kommen. Deshalb ist eine Struktur wichtig, in der Informationen verarbeitet und bewertet werden. Eine Möglichkeit bietet die Aufteilung in verschiedene Arten oder Ebenen von Informationen.

1. Die Sachebene – Hier suchen Sie Informationen zu Ihrem Themengebiet.
2. Die Akteursebene – Wer ist mit dem Thema in irgendeiner Form verbunden?
3. Die Politikebene – Hier analysieren Sie das Umfeld, in dem Sie sich bewegen.

Sie werden bestimmt auch wieder auf die Frage stoßen, warum die ganze Mühe? Ihre Antwort muss lauten: „Was wir jetzt an Wissen sammeln, können wir in unsere weitere Planung einbeziehen.

Es ist klug, sich vorher über die Rahmenbedingungen zu informieren, und seine Arbeit und Ziele darauf anzupassen. Wenn später relevante Informationen auftauchen, müssen wir unser Konzept nicht mehr über den Haufen werfen. Eine Struktur hilft uns zudem, die Menge an Informationen einzuordnen und zu sortieren. Und die Zeit, die wie hier investieren, holen wir später doppelt und dreifach wieder rein." So einfach kann die Antwort sein.

1. Die Sachanalyse

Mit der Sachanalyse erschließen Sie sich Ihr Themenfeld. Oder einfacher ausgedrückt: Sie sammeln erst einmal Wissen. Informationen sind in unserer heutigen Zeit das A und O guter Arbeit. Nicht umsonst spricht man vom Informationszeitalter. Das Gute daran ist, dass es noch nie so einfach war, an Informationen zu kommen. Sie können sich natürlich alleine die notwendigen Informationen zusammenzusuchen. Es bietet sich aber an, die Last auf mehrere Schultern zu verteilen. Suchen Sie zusammen in Ihrer Gruppe, vielleicht gibt es schon Experten zu bestimmten Bereichen. In der Regel werden die Anwesenden schon viel Wissen in die Sachanalyse einbringen können. Im Laufe der Arbeit werden Sie nur einige Lücken auffüllen müssen. Folgende Leitfragen sind hierbei hilfreich:

- ✓ Was benötigen wir an Informationen?
- ✓ Wer kennt Informationsquellen zum Thema?
- ✓ Wer kann was recherchieren?
- ✓ Und das Wichtigste: Wie viel Zeit und Energie wollen wir in die Recherche hineinstecken?

Besonders Letzteres sollten Sie gleich nach einem ersten Überblick in der Gruppe besprechen. Damit vermeiden Sie Sammelleidenschaft bei Ihnen selber und Ihren Mitstreitern. Setzten Sie sich ein Zeitlimit, bis wann sie die Recherche abgeschlossen haben. Es ist in Ordnung, Wissenslücken zu haben. Kein Mensch kann alles wissen.

Schwieriger als das Sammeln ist die Unterscheidung in wichtiges und unwichtiges Wissen. Man weiß vorher nie genau, was man im Laufe der Arbeiten an Informationen benötigt. Eine Richtlinie gibt es hier nicht. Wenn möglich sollten Sie auch die Bewertung der Informationen in der Gruppe vornehmen. Es bietet sich an, in einem ersten Schritt möglichst viele Punkte zu sammeln, und dann zu entscheiden, in welchen Bereichen vertieftes Wissen benötigt wird. Aber wie gesagt: Vermeiden Sie es, in Sammelwut zu verfallen.

Informationsquellen:
- Internet: Hier findet sich alles. Nutzen Sie offizielle Seiten der Stadt, der Ministerien etc. Suchen Sie auch nach Gruppen, die ein ähnliches Thema wie Sie haben.
- Verbände, Organisationen, Behörden etc.: Es gibt sicherlich ähnliche Fälle, man muss diese nur finden.
- Experten: Suchen Sie Experten zu Ihrem Thema. In der Regel sind diese gerne bereit, Ihr Wissen zu teilen. Suchen Sie deshalb nach Fachartikeln oder sonstigen Publikationen.
- Freunde, Nachbarn etc.: Nicht zu unterschätzen ist das Wissen der „Straße". Erzählen Sie möglichst vielen von Ihrem Anliegen. Man findet häufig überraschende Querverbindungen in seiner Nachbarschaft.

Wichtig für die Sachanalyse ist, eine Struktur zu haben, die die vorhandenen und eventuell fehlenden Informationen übersichtlich aufzeigt. Es gibt viele verschiedene Techniken, Informationen zu strukturieren. Eine sehr einfache Methode ist das sogenannte Mindmapping. Die Grundidee ist, von einem Ausgangspunkt aus Äste zu bilden, die sich immer weiter aufgliedern. Inzwischen gibt es eigene Programme dafür, die für den Privatgebrauch kostenlos sind.

Arbeitshilfe: Mindmapping

Wenn Sie diesen Arbeitsschritt der Sachanalyse mit Ihrer Gruppe durchführen wollen, bietet sich eine Metaplanwand an. Alternativ beschriften Sie Karten und kleben sie mit Tesafilm an eine Wand. Die Karten können dann hin und her geschoben werden. Der Vorteil dieses Systems ist, dass jeder sich mit seinen Punkten einbringen kann und trotzdem eine Struktur gewahrt wird. Zudem sind die Punkte für alle permanent sichtbar, sodass bereits angesprochene Punkte nicht mehr wiederholt werden müssen.

- Jeder Teilnehmer bekommt ca. zehn Karten, auf die er die wichtigsten Punkte zum Thema stichwortartig niederschreiben soll.
- In der Mitte eines großen Blattes oder direkt an die Wand setzen Sie Ihren Ausgangspunkt: Ihr Problem, Ihr Thema o. Ä.
- Darum herum ordnet jeder seine Karten. Zusammengehörige Informationen werden auf einem Ast gruppiert.
- Die Äste können sich beliebig weiter verzweigen. Zu jedem Punkt werden Ihnen bestimmt weitere Unterpunkte einfallen.
- Sortieren Sie beliebig die Karten. Sie können Zwischenschritte einfügen, in denen die Gruppe die Äste neu ausrichtet. Äste können auch zusammengeführt oder als unwichtig klassifiziert werden.
- Bei Bedarf können mehr Karten verteilt werden. Geben Sie jedem Teilnehmer aber zuerst nur zehn Karten. Damit konzentrieren sich alle nur auf die wichtigsten Punkte.

2. Die Analyse des Umfelds

In diesem Analyseschritt stehen die Akteure im Vordergrund. Sie untersuchen, welche Personen für Ihre Arbeit relevant sein könnten. Dabei sind nicht nur Einzelpersonen interessant, sondern auch Gruppen, Initiativen, Unternehmen, Verbände, Politik und Gesellschaft etc.

Zuerst gilt es, eine Übersicht zu schaffen, wer alles als Adressat Ihrer Lobbyarbeit infrage kommt. Als Leitfrage gilt: Wer ist mit dem Thema in irgendeiner Form verbunden? Im ersten Schritt sollen möglichst viele Akteure benannt werden, zu einem späteren Zeitpunkt können Akteure wegfallen. Nehmen Sie sich für die Sammlung Zeit. Die offensichtlichsten Akteure hat man schnell beisammen, aber ebenso wichtig können welche sein, an die Sie noch gar nicht gedacht haben.

In einem zweiten Schritt bewerten Sie die Akteure nach der Relevanz für Ihr Thema. Eine bewährte Methode ist die Aufstellung innerhalb eines Kreissystems. Im innersten Kreis sind alle relevanten Akteure versammelt, die im Rahmen Ihrer Lobbyarbeit direkt angesprochen werden müssen. Im mittleren Kreis alle diejenigen, die einbezogen werden müssen, aber nicht zum engsten Kreis gehören. In den äußeren Kreis kommen diejenigen, die nicht vergessen werden sollten. Mit dieser Methode erhalten Sie eine strukturierte Übersicht, welche Akteure wirklich wichtig sind. Das Problem bei der Methode ist allerdings, dass einige dazu neigen, alle Akteure in den innersten Kreis zu setzen. Schließlich sind alle irgendwie für das Thema wichtig. Denken Sie dann daran, dass Sie nur über begrenzte Zeit- und Arbeitsressourcen verfügen. Man muss sich einfach auf die wichtigsten Akteure konzentrieren, sonst kommt man nie voran.

In einem dritten Schritt betrachten Sie die wichtigsten Akteure genauer. Konzentrieren sie sich zuerst nur auf den inneren Kreis. Teilen Sie die Akteure in Unterstützer, Gegner und Neutrale ein. Als Leitfragen können drei Bereiche dienen:

- Wo finden sich Verbündete? Wer ist meinem Thema positiv gegenüber eingestellt?

- Wer sind die Gegner? Wer steht meinen Interessen, meiner Sichtweise entgegen?
- Wer ist mit dem Thema in irgendeiner Form verbunden, steht dem (derzeit) aber neutral gegenüber?

Wichtige Unterstützer bekommen ein Doppelplus, weniger wichtige ein einfaches Plus und so weiter. Schaffen Sie sich so eine Übersicht über Ihre wichtigsten Verbündeten und Gegner.

Im letzten Schritt versuchen Sie, die Motive zu jedem Akteur zu erforschen: Überlegen Sie, welche Interessen einzelne Gruppen oder Personen haben. Sind diese für die Erhaltung des Status quo und wenn ja, warum? Welche Vorteile haben sie, wenn alles beim Alten bleibt? Oder umgekehrt: Welche Gruppen hätten einen Vorteil davon, wenn Dinge verändert werden? Über welche Mittel verfügen die Gruppen, was können diese in Bewegung setzen? Je besser und detaillierter Sie Ihre Verbündeten und Gegner kennen, desto deutlicher werden die Ansatzpunkte, an denen Sie Ihr Handeln ausrichten können.

Mehr zu den Möglichkeiten der Einflussnahme auf die Akteure finden Sie im Anschnitt „Die Entscheider erreichen".

Arbeitshilfe: Brainstroming mit Kreismethode

Benennen Sie gemeinsam in der Gruppe die wichtigsten Akteure. Eine oder mehrere Personen schreibt die Namen auf Karten. Geben Sie auch für abwegige Ideen Raum. Später können diese immer noch wegfallen. Die Karten ordnen Sie im nächsten Schritt an der Wand kreisförmig an. In die Mitte kommen die wichtigsten Akteure, weiter nach außen nimmt die Relevanz zum Thema ab. An diesem Prozess muss die Gruppe aktiv beteiligt sein. Karten sollen die Position wechseln, wenn andere Personen wichtiger erscheinen. Im letzten Schritt unterteilen Sie gemeinsam die Akteure in Unterstützer, Neutrale und Gegner.

BEISPIEL: Eine Gruppe von Anwohnern blockierte die Abholzung der alten Alleebäume an einer Ausfallstraße. Die Fällung der Bäume wurde maßgeblich vorangetrieben von einem Politiker aus der Ratsfraktion. Dieser sprach sich vehement für die Abholzung aus, da so die Unfallzahlen an der Straße gesenkt werden könnten. Obwohl das Argument durch keine Zahlen belegt werden konnte und auch die örtliche Polizei den Sinn der Maßnahme bezweifelte, blieb der Politiker bei seiner Meinung. Die Anwohnergruppe fand heraus, dass der Hintergrund des Politikers weniger die Sicherheit war als vielmehr der angestrebte Ausbau der Straße. Die Gruppe konzentrierte hierauf ihre Lobbyarbeit und machte diese Sichtweise publik. Auf einer Podiumsveranstaltung musste das Ratsmitglied zugeben, dass eine Umgehungsstraße geplant wurde und mit Beseitigung der Allee Naturschutzrecht ausgehebelt werden sollte. Angesichts des darauffolgenden Entrüstungssturms in der Bevölkerung wurde das Vorhaben aufgegeben. Die Bäume konnten erhalten werden.

3. Die politische Analyse

In welcher Phase des politischen Entscheidungsprozesses befindet sich Ihr Thema? Mit diesem Analyseschritt beurteilen Sie, wie viel Sie erreichen können und was Sie dafür noch benötigen. Hat es wirklich noch Sinn, Informationen (zum Beispiel Gutachten oder Hintergrundmaterialien) in den Prozess einzubringen, oder steht jetzt die Entscheidung an? Wenn Sie wissen, wo Sie gerade stehen, ist es leichter, sich auf das Wesentliche zu konzentrieren.

Für diese Analyse gibt es in der Politikwissenschaft das Modell des Policy-Cycle (oder auch Politikzyklus genannt). Laut Wikipedia ist „[d]er Politikzyklus […] ein aus der US-amerikanischen Politikwissenschaft stammendes Modell, das den Politikprozess in mehrere, meist sechs oder sieben Schritte gliedert und erstmals 1956 von Harold Dwight Lasswell formuliert wurde." Der Policy-Cycle benennt verschiedene Phasen, in denen eine politische Entscheidung vorbereitet und durchgeführt wird.

Das Modell ist wie jede Theorie nicht eins zu eins auf die Praxis übertragbar, bietet aber einige Anhaltspunkte, um Ihr Handeln zu strukturieren. Für Ihre Arbeit ist das fünfstufige Modell völlig ausreichend und soll deshalb hier als Grundlage dienen:

1. **Thematisierung:** In dieser Phase werden die Probleme formuliert. Wie groß ist das Problem? Was sind die Ursachen, welche Auswirkungen hat das Problem?
2. **Politikformulierung:** In dieser Phase wird um die Lösung des Problems gerungen. Es werden Gesetzesvorschläge gemacht, Gutachten eingeholt, Anhörungen durchgeführt etc.
3. **Entscheidung**: Jetzt werden die verschiedenen Vorschläge überprüft und die Politik fällt eine Entscheidung. In der Regel steht am Ende dieser Phase ein Gesetz oder eine Verordnung.
4. **Umsetzung:** Ist die Entscheidung gefallen, steht die Umsetzung an. Viele Gesetze lassen Lücken oder sind unvollständig. Auch gibt es häufig noch Spielräume für die Adressaten des Gesetzes.
5. **Evaluation:** Funktioniert das Gesetz? War die Entscheidung richtig? Oder ist das Gesetz inzwischen veraltet und muss den Realitäten angepasst werden? Wenn festgestellt wird, dass das angestrebte Ziel nicht erreicht wurde, kann ein neuer Prozess starten.

Der Policy-Cycle

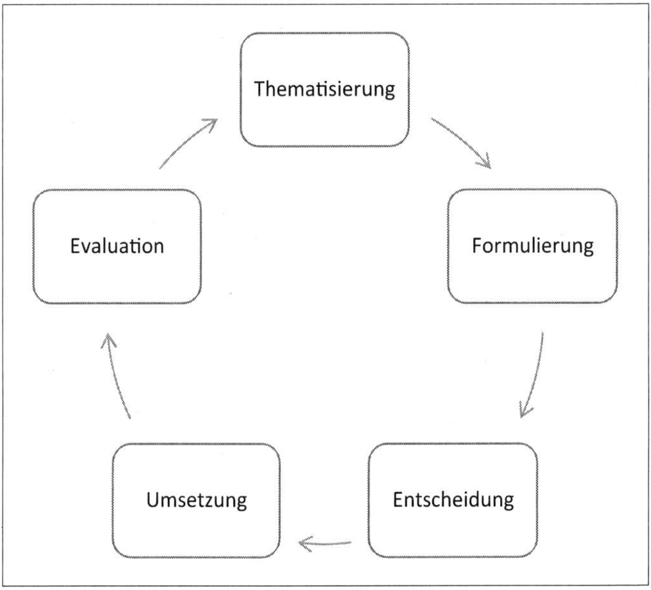

Für Ihre Analyse müssen Sie feststellen, in welcher Phase sich Ihr Thema befindet. Dabei ist die Abgrenzung zwischen den einzelnen Phasen nicht immer offensichtlich. Einzelne Aspekte können noch öffentlich diskutiert werden, während an anderer Stelle schon grundlegende Entscheidungen gefällt wurden. Auch heißt die Einteilung in einer Phase nicht, dass „das Fass nicht noch mal aufgemacht" werden kann. Themen oder einzelne Aspekte können auch neu bewertet und damit aktiv in einen neuen Zyklus gebracht werden. Die Übergänge in dem Modell sind fließend. Dies stellt aber nicht unbedingt ein Problem für Ihre Arbeit dar. Wie gezeigt, dient das Modell mehr oder weniger nur dazu, einen Überblick zu erhalten, um sich auf die wesentlichen Arbeitsschritte zu konzentrieren:

1. Wird das Problem noch in der Öffentlichkeit diskutiert und liegen noch keine konkreten Vorschläge zur Lösung auf

dem Tisch, sind Sie in Phase 1, der Thematisierung. **Sie haben noch alle Möglichkeiten.**

2. Werden Gesetzesvorhaben diskutiert, Gutachten eingeholt oder öffentliche Diskussionen über das Für und Wider einzelner Vorschläge organisiert, befinden Sie sich in Phase 2, der Politikformulierung. **Sie müssen Ihre Sichtweise in den politischen Prozess einbringen.**
3. Bietet die Politik Lösungen an, auf die sich einzelne Vertreter schon festgelegt haben, und werden im Rathaus, im Landtag etc. Gesetzesentwürfe diskutiert, ist die Phase 3, die Entscheidungsphase, erreicht. **Sie können jetzt nur noch einzelne Punkte korrigieren.**
4. Ist das Gesetz verabschiedet und die Verwaltung führt jetzt Maßnahmen aus, sind Sie in Phase 4, der Umsetzung. **Sie haben kaum noch Möglichkeiten, einzugreifen.**
5. Führt zunehmende Kritik zu einer Neubewertung der Situation, beginnt eine öffentliche Diskussion über den Sinn des Gesetzes. In den Medien wird das Problem wieder auftauchen. Jetzt sind Sie in Phase 5, der Evaluation. **Sie müssen in der Öffentlichkeit eine neue Diskussion beginnen.**

Nutzen Sie wieder die Möglichkeit, diesen Arbeitsschritt gemeinsam mit Ihrer Gruppe zu diskutieren. Hier hat sich eine offene Diskussion bewährt, wobei das Modell zu Beginn kurz vorgestellt werden sollte. Keine Angst, Sie müssen hier nicht Experte sein. Es reicht, den Grundgedanken und die verschiedenen Phasen zu benennen. Machen Sie deutlich, dass es hier nur um eine Einordnung des Prozesses insgesamt geht. Die einzelnen Arbeitsschritte werden später entwickelt.

BEISPIEL: Die Anwohner eines Sportvereins gründeten eine Gruppe, um die Entstehung eines Tennisplatzes in ihrer Nachbarschaft zu verhindern. Der Bau war bereits vom Stadtparlament überprüft worden und die Vorsitzenden des zuständigen Ausschusses hatten sich für den Bau ausgesprochen. Die Gruppe versuchte zu diesem Zeitpunkt, neue Gutachten in die Entscheidung einzubringen. Allerdings hatten sich schon alle relevanten Politiker für den Bau ausgesprochen, sodass ein Rückzug nur schwer zu erklären gewesen wäre. Zwei Wochen später wurde die Baugenehmigung erteilt.

4. Bewertung der Ergebnisse

Nach der Sammlung der Informationen, der Analyse der Akteure und der Sichtung des politischen Prozesses haben Sie die Grundlagen zusammen. Jetzt gilt es, die Informationen zusammenzuführen und zu bewerten. Gehen Sie hierfür nochmals die einzelnen Punkte durch: Was folgt aus den einzelnen Erkenntnissen? Leider gibt es für die Bewertung der Informationen keine Zaubermittel. Sie können aber folgende Leitfragen nutzen:

- ✓ Was ist für den Erhalt bzw. die Lösung des Problems von Bedeutung?
- ✓ Wo bieten sich Ansatzpunkte zur Veränderung der Situation?
- ✓ Was wird mit dem Problem passieren, wenn Ereignis „xy" geschieht?
- ✓ Wo können wir mit unseren Mitteln ansetzen?

Versuchen Sie auch, das eigentliche Problem weiter aufzusplitten. Oft sieht man den Wald vor lauter Bäumen nicht. Am Anfang steht man vor einem großen Projekt, welches nie und nimmer zu schaffen ist. Teilt man das Problem in viele kleine auf, sind sie plötzlich lösbar.

Machen Sie sich bewusst, dass es hier keine abschließende Bewertung geben kann. Da sich die Situation fortlaufend ändern wird, muss sich auch die Analyse anpassen. Versuchen Sie in dieser Phase eher, einen groben Rahmen zu entwickeln, als sich auf zu viele Einzelheiten zu konzentrieren. Die eigentliche Planung der Strategie wird erst zu einem späteren Zeitpunkt erfolgen. Hier ist erst mal nur die „neutrale" Analyse gefragt. Die hier aufgeworfenen Fragen führen zum nächsten Schritt in unserem Vorgehen: der Zielfindung.

Wenn Sie die Zusammenführung der Ergebnisse mit Ihrer Gruppe gemeinsam unternehmen, können Sie dies als offenes Brainstorming gestalten. Sammeln Sie die Ideen und Gedanke Ihrer Gruppe. Es zeigt sich, dass sich die Mitglieder häufig eine Reihe von Gedanken zur Bewertung zurechtgelegt haben. Diese wollen im wahrsten Sinne des Wortes raus. Sie werden erstaunt sein, wie leicht sich in dieser Phase Ideen entwickeln lassen. Eine Struktur haben Sie anhand der Karten, die in den vorherigen Schritten erstellt worden sind. Eventuell werden Sie die Karten wieder an die Wand hängen müssen. Wenn Ihre vorherigen Schritte gut gelaufen sind, wird es aber auch reichen, die Karten wegzulassen und nur die Ergebnisse festzuhalten. Anschließend können die Ideen zu einem späteren Zeitpunkt (zum Beispiel bei der Maßnahmenplanung) wieder diskutiert werden.

Arbeitshilfe: Kreativ sein

Brainstorming: Jeder Gedanke zum Thema ist erlaubt. Alle Anwesenden sollen innerhalb von fünf Minuten (Kartei-)Karten mit ihren Einfällen stichwortartig beschriften. Die Karten werden an die Wand gehängt und sortiert. Mit diesen Einfällen wird dann weitergearbeitet. Diese Methode eignet sich besonders gut, wenn neue Ideen gesucht werden.

Umkehrmethode: Es geht auch anders herum. Ein Problem oder eine Fragestellung wird ins Gegenteil verkehrt. Statt „Wie bekommen wir eine gute Resonanz auf unsere Veranstaltung?" wird gefragt: „Wie schaffen wir es, möglichst viele Menschen vom Besuch abzuhalten?".

3.3 Ziele und Maßnahmen definieren

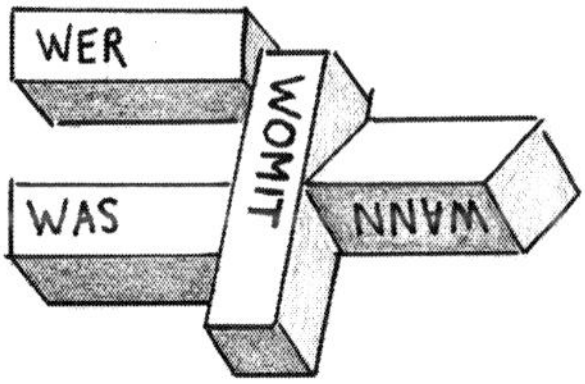

Erstaunlicherweise fällt es vielen Menschen schwer, mit System eine komplexe Aufgabe anzugehen. Die Definition von konkreten Zielen für die eigene Arbeit stellt dabei ein Hauptproblem dar. Dabei geht es nicht um die Zieldefinition von Unternehmensberatern, die dieses als Instrument nutzen, um Angestellte und Arbeiter unter Druck zu setzen. Vielmehr können Ziele dazu dienen, zu motivieren und eine Richtung vorzugeben.

An dieser Stelle wird ein einfaches System erläutert, um aus einem Oberziel heraus konkrete Maßnahmen zu erarbeiten. Es beruht auf einem simplen Dreierschritt: (Ober-)Ziel – Unterziele – Maßnahmen. Dieses System hat den Vorteil, dass in nachvollziehbaren Schritten verschiedene Maßnahmen definiert werden können, die zum gemeinsamen Ziel beitragen. Die Erfahrungen zeigen in vielen Fällen das Gegenteil. Es werden viele Maßnahmen angefangen und teils auch umgesetzt, ohne sich vorher Gedanken zu machen, was diese Maßnahmen bewirken. Tappen Sie nicht in diese Falle. Ein bisschen Organisation macht das Leben leichter und Nachdenken vermeidet unnütze Arbeit.

Dreierschritt zur Entwicklung von Maßnahmen

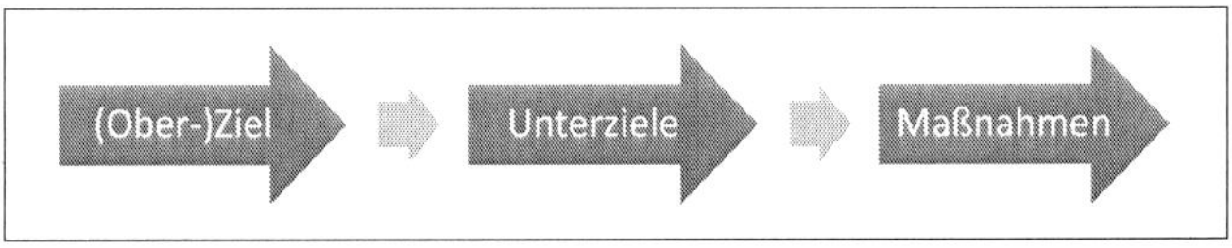

Führen Sie diese Schritte gleichfalls, wenn möglich, mit Ihrer Gruppe durch. Mit diesem System planen Sie Ihre komplette Arbeit. Nehmen Sie sich also dafür Zeit, auch wenn es manchmal mühselig ist. Auch hier werden Sie auf Menschen treffen, die diese Arbeitsschritte als Zeitverschwendung ansehen. Erklären Sie Ihrer Gruppe schon im Vorfeld den Sinn dieser Maßnahme. Geben Sie ihr bei Bedarf Raum, Sinn und Unsinn dieser Schritte zu klären. Sie werden an dieser Stelle bereits einige Mitstreiter verlieren. Es wird nur wenige Fälle geben, in denen sich alle über das Oberziel einig sind. Scheuen Sie sich nicht, die Konflikte offen anzusprechen, und drängen Sie auf eine Lösung. Einige Menschen sind eher konsensorientiert, andere mehr auf Konfrontation ausgelegt und in fast allen Initiativen gibt es die „Verrückten", die ganz andere Ziele verfolgen. Das kann von einem allgemeinen Frust bis zum Sturz des Systems reichen. Überlegen Sie sich, mit wem Sie zusammenarbeiten möchten. Dieser Prozess ist oft eine positive Bereinigung.

Exkurs: Ziele müssen SMART sein.

Ein Ziel muss konkret formuliert werden, um Wirkung zu entfalten. In vielen Fällen werden aber sehr allgemeine Ziele beschrieben, um möglichst viele Leuten mitzunehmen oder zu erreichen. Häufig findet man dieses Phänomen in größeren Unternehmen oder da, wo viele Menschen versucht haben, ein gemeinsames Ziel zu finden. Dann wird ein Bandwurmsatz verabschiedet, den kein Mensch mehr versteht und unter dem sich jeder etwas anderes vorstellen kann. Solche Ziele bringen niemanden etwas und sollen auch kein Vorbild für Ihre Arbeit sein. Für die Entwicklung einer Lobbystrategie brauchen Sie konkrete Ziele in einem konkreten Rahmen. Dafür gibt es ein einfaches Hilfsmittel: Ziele haben S.M.A.R.T. zu sein. Diese Faustregel beinhaltet folgende fünf Aspekte:

- ✓ Spezifisch – Ziele müssen konkret sein.
- ✓ Messbar – Ziele müssen überprüfbar (Erfolg!) sein.
- ✓ Akzeptabel – Ziele müssen positiv formuliert sein.
- ✓ Realistisch – Ziele müssen erreichbar sein.
- ✓ Terminiert – Ziele müssen zeitlich befristet sein.

Spezifisch: Ziele müssen konkret formuliert werden. Man muss etwas zum „Anfassen“ haben. Das ist besonders wichtig, um eigene Fortschritte zu erkennen. Ein Ziel „Am 10.05.20.. machen wir eine Veranstaltung in … mit …, um dem Bürgermeister unser Problem vorzustellen.“ ist zu erreichen. Das Ziel „Wir müssten mal die Öffentlichkeit informieren.“ hilft dagegen nicht weiter. Legen Sie die Ziele allerdings nicht zu konkret fest. Planen Sie eine gewisse Bandbreite ein. Wenn Sie konkret angeben: „Wir wollen auf der Veranstaltung jeden relevanten Politiker dabeihaben.“ sind Enttäuschungen vorprogrammiert.

Setzen Sie sich ein konkretes Ziel mit einer gewissen Bandbreite. Vermeiden Sie allgemeine, abstrakte Ziele.

Messbar: Definieren Sie im Vorfeld Prüfmerkmale, mit denen Sie messen können, ob das Ziel erreicht wurde. Die Leitfrage lautet: „Woran merken wir, dass wir dieses Ziel erreicht haben?“ Wenn Sie Unterschriften sammeln, ist es relativ einfach, ein Ziel zu definieren: „Wenn wir 1000 Unterschriften zusammen haben, haben wir Erfolg.“ Formulieren Sie zusätzlich kleinere Unterziele: „Wir haben einen Teilerfolg erreicht, wenn wir bei zehn Punkten Präsenz zeigen“ oder „wenn wir drei Presseartikel über unsere Unterschriftenaktion bekommen.“ Sie sehen, wie wichtig die Formulierung kleinerer Ziele ist: Wenn nur 800 Unterschriften zusammenkommen, ist die Aktion fehlgeschlagen? Oder konnten alle Unterziele erreicht werden und 800 Unterschriften ist das Sahnehäubchen? Im Endeffekt geht es auch darum, die Sichtweise auf (kleine) Erfolge zu lenken, anstatt nur den einen (angeblich) großen Misserfolg zu sehen.

Stellen Sie sich Kriterien auf, die die Zielerreichung messbar machen. Kann eine außenstehende Person Veränderungen wahrnehmen?

Akzeptabel: Wichtig ist, seine Ziele nicht in der Verneinung zu definieren, „Wir wollen nicht, dass …" motiviert nur in seltenen Fällen. Setzen Sie sich ein positives Ziel: „Wir wollen, dass …" Dieser Punkt ist mehr als nur eine Formulierungsfrage. Welches Ziel klingt besser: „Wir wollen, dass behinderte Menschen nicht mehr diskriminiert werden." oder „Wir wollen, dass behinderte Menschen eine faire Chance in unserer Gesellschaft haben."? Mit einem positiven Ziel können sich Menschen leichter identifizieren. Es ist immer einfacher, sich „für" etwas einzusetzen als „gegen" etwas zu sein. Es hilft ungemein, gleich am Anfang eine positive Sichtweise zu etablieren. Sie wollen schließlich etwas verändern, nicht verhindern.

> Die Ziele müssen positiv formuliert werden und attraktiv sein. Sie müssen den Drang verspüren, das Ziel zu erreichen.

Realistisch: Überlegen Sie, ob das Ziel unter den gegebenen finanziellen, personellen und politischen Rahmenbedingungen verwirklicht werden kann. Das klingt selbstverständlich, kann aber zu langen Diskussionen führen. „Wir werden die Müllkippe zwei Wochen lang blockieren, um auf die illegale Entsorgung hinzuweisen." ist ein Ziel. Wenn die Gruppe jedoch nur aus zehn Personen besteht, wird es schwer zu erreichen sein.

Viele Gruppen haben hohe Ansprüche an sich. Man will schließlich etwas verändern und halbe Sachen helfen einem nicht weiter. Hier müssen Sie gleich am Anfang deutlich machen, dass kleinere, realistischere Ziele den Weg markieren können. Immer auf realistische Ziele zu bestehen, kann jedoch schnell frustrierend werden. Hier ist Fingerspitzengefühl gefragt. Wenn Sie feststellen, dass das eigentliche Ziel schwer zu erreichen ist, blocken Sie nicht ab. Versuchen Sie stattdessen, kleinere Unterziele zu formulieren, die erreichbar sind. Sie erhalten so die Motivation der Gruppe und geben gleichzeitig den nötigen Freiraum.

Ihre Ziele sollen eine realistische Herausforderung darstellen. Alles andere ist Ihre Vision.

Terminiert: Wann soll das Ziel erreicht sein? Ein festgelegter Zeitrahmen schafft eine Verbindlichkeit gegenüber dem Ziel und erleichtert es, bei Ihrer Zeitplanung zu bleiben. Jeder weiß so, was auf ihn zukommt, wann es eng wird und wann eventuell mehr Energie in das Projekt gesteckt werden muss. „Bis zum 31.08. müssen wir 100 Bürger überzeugt haben, sich gegen den Bau des Einkaufszentrums zu engagieren.“ Ist das Ziel realistisch, hat die Gruppe ein festes Ziel vor Augen und (hoffentlich) ein Erfolgserlebnis. Planen Sie immer genug Zeitpuffer für die Realisierung Ihrer Ziele ein. In der Regel dauert vieles länger als gedacht.

Setzen Sie einen ganz konkreten Termin, bis wann Sie Ihr Ziel erreichen wollen.

BEISPIEL: Eine Anwohnerinitiative gründete sich, um ihren Stadtteil lebenswerter zu gestalten. Dieses Ziel wurde zuerst festgehalten, ohne es weiter zu konkretisieren. Nach der Analyse der Situation wurde festgestellt, dass zum einen der zunehmende Autoverkehr das Hauptärgernis darstellt, zum anderen ein Mangel an Grünflächen eine Erholung im Nahbereich unmöglich macht. Daraufhin wurden diese zwei Hauptziele von der Gruppe beschlossen. Die eine Hälfte kümmerte sich um die Reduzierung des Verkehrs, die andere Hälfte um die Einrichtung eines Parks auf einem unbebauten Grundstück.
Die Gruppe zur Reduzierung des Autoverkehrs traf sich daraufhin wieder, um sich mit der konkreten Analyse des Autoverkehrs und dessen Folgen zu beschäftigen. Es wurden dann verschiedene Ziele festgelegt. Ein Ziel erlangte Priorität: Die Einführung einer Tempo-

30-Zone. Das Ziel wurde formuliert als: „In diesem Jahr wollen wir aufgrund der Lärmbelästigung zu einer Tempo-30-Zone werden." Das Ziel war:

- ✓ Spezifisch: Wir möchten eine Tempo-30-Zone. Es handelt sich um eine einzelne Maßnahme.
- ✓ Messbar: Wenn das Tempo-30-Schild aufgestellt wird, sehe ich meinen Erfolg.
- ✓ Ambitioniert: Es war positiv formuliert und wurde von allen Beteiligten getragen.
- ✓ Realistisch: Es war erreichbar (wurde geprüft).
- ✓ Terminiert: Es war in einem Jahr zu schaffen.

Im Laufe der Arbeiten stellte sich heraus, dass die Einrichtung der Zone innerhalb eines Jahres zu ambitioniert war. Trotzdem konnte die Gruppe zufrieden sein. Ein Unterziel war ein Testlauf in einigen Straßen. Dieser Testlauf wurde durchgeführt und war ein Erfolg. Zudem wurden weitere Ziele erreicht: 25 Prozent der Anwohner unterschrieben eine Petition, ein Straßenfest wurde durchgeführt etc. Auch wenn das Hauptziel nicht erreicht wurde, war die Gruppe am Ende des Jahres zufrieden und feierte ihre Erfolge. Bei der Auftaktsitzung im nächsten Jahr waren alle wieder mit dabei.

Checkliste Ziele: Anhand der folgenden Fragen können Sie überprüfen, ob Ihr Ziel klar genug definiert ist:

S	• Ist das Ziel klar und eindeutig formuliert?
M	• Woran ist erkennbar, dass das Ziel erreicht wurde?
A	• Ist das Ziel für alle Beteiligten akzeptabel / attraktiv?
R	• Reichen unsere Ressourcen?
T	• Ist es in dieser Zeit realistisch erreichbar?

1. Das Ziel der Arbeit (Oberziel)

Ein klares Ziel vor Augen zu haben ist unbedingt notwendig für Ihre Arbeit und die Ihrer Gruppe. Die Frage dazu lautet: **„Was möchten Sie konkret erreichen?“** Der Sinn dahinter:

- Erst wenn einem der Sinn des eigenen Tuns klar ist, kann man seine Energien darauf konzentrieren. Wenn unklar bleibt, wozu das eigene Handeln führt, verliert man schnell die Motivation.
- Wenn nicht abgesprochen wurde, wohin die Arbeit führt, wird jeder sein „eigenes Süppchen kochen.“ Bei zehn Personen kann es zehn unterschiedliche Meinungen und Ziele geben.
- So unglaublich es klingt, aber viele Gruppen „vergessen“ unterwegs, wohin sie eigentlich wollten. Am Ende arbeitet die Gruppe an ganz anderen Dingen als an denjenigen, die eigentlich wichtig wären.

Aus der Analysephase heraus ist es meist nur ein kleiner Schritt, sich ein Ziel für die eigene Arbeit zu erstellen. Wenn die Analyse gut durchgeführt wurde, wissen Sie, was möglich ist und was nicht. Soweit der Idealfall. Leider sieht die Realität häufig anders aus. Es ist nur schwer abzuschätzen, was man wirklich erreichen kann. Meist liegt es auch in der eigenen Person begründet, ob eher radikale Forderungen oder der Kompromiss im Vordergrund stehen. Seien Sie ambitioniert, aber versuchen Sie, dabei realistisch zu bleiben. Im Gegensatz zu Ihrer Vision müssen Sie sich hier an der Wirklichkeit orientieren. Ihre Vision können Sie notfalls auch auf anderen Wegen erreichen.

> Das Ziel ist nur ein Schritt zu Ihrer Vision.

Ein Ziel sollte kurz und knapp gehalten sein. Ein Satz ist das beste Ergebnis. Ihr Ziel sollte so beschrieben sein, dass eine fremde Person sofort weiß, was Sie wollen. Eine gute Leitfrage ist der sogenannte Elevator-Pitch: Stellen Sie sich vor, Sie fahren mit einer fremden Person im Fahrstuhl. Sie haben bis zur dritten Etage Zeit, diese Person von Ihrem Anliegen zu überzeugen. Das sind ungefähr 20 Sekunden. In diesen 20 Sekunden müssen Sie es schaffen, das Ziel Ihrer Arbeit überzeugend und verständlich darzustellen. Wenn Sie diese Aufgabe schaffen, haben Sie Ihr Ziel gefunden. (Wenn Sie in einer Gruppe arbeiten, üben Sie dies – es ist nicht einfach, bringt aber allen Beteiligten Spaß).

Eine gute Möglichkeit, um konkrete Ziele zu erarbeiten, ist das oben beschriebene „SMART"-Prinzip. Nutzen Sie dieses für Ihr Oberziel. Die Frage, ob ein Oberziel terminiert sein muss, d.h. mit einem konkreten Zeitpunkt versehen, lässt sich nicht so leicht beantworten. Dies hängt vom Einzelfall ab. Oft lässt sich die gesamte Arbeit noch nicht abschätzen, dann ist es sinnvoll, darauf zu verzichten. Je konkreter aber die Aufgaben abzusehen sind, desto sinnvoller ist eine zeitliche Befristung. In unserer Wohngemeinschaft wäre ein vernünftiges Oberziel: „Um die Wohnung sauber zu halten, erstellen wir gemeinsam einen Putzplan. Dieser wird von allen eingehalten und regelmäßig überprüft."

BEISPIEL: Nach der Diskussion auf dem Auftakttreffen wurden Arbeitsgruppen gegründet, die sich mit einzelnen Themen beim Bau des Einkaufszentrums auseinandersetzten. Die erste Arbeitsgruppe lotete die Möglichkeit einer Verlegung an einen anderen Ort aus. Die zweite bewertete die Chancen, das Zentrum komplett zu verhindern. Die dritte Arbeitsgruppe prüfte, ob ein kleinerer Bau inklusive einer Verbindung zu den Einzelhändlern der Stadt eine befriedigende Lösung darstellen könnte.
Auf der nächsten Sitzung wurden die Ergebnisse vorgestellt und diskutiert. Als realistische Option wurden die Ergebnisse der dritten Arbeitsgruppe als Ziel verabschiedet. „Das Einkaufszentrum soll in Verbindung mit den Einzelhändlern der Stadt entwickelt werden und das Naturschutzgebiet nicht berühren." Zwar verließen daraufhin einige Personen die Initiative, doch konnten die verbliebenen mit der Entwicklung einer Strategie beginnen.

Wenn Sie in einer Gruppe arbeiten, dann erstellen Sie Ihr Oberziel zusammen. Im Gegensatz zur Vision ist es wichtig, sich gemeinsam mit allen Mitstreitern auf das Ziel zu verständigen. Das Oberziel markiert die Richtschnur, an der sich das Handeln der Gruppe orientiert. Jeder sollte sich in der Definition dieses Zieles wiederfinden können, nur dann wird es von allen unterstützt. Es lenkt die Arbeit und trägt zur Herstellung eines Gemeinschaftsgefühls bei. Erst wenn sich alle über das Ziel einig sind, kann mit der Umsetzung begonnen werden.

Die Eingangsfrage für Ihre Gruppe könnte analog lauten: **„Was wollen wir erreichen?“** Damit wird eine Diskussion in Gang gesetzt. Achten Sie darauf, dass es noch nicht darum geht, konkrete Umsetzungsschritte zu erarbeiten, dies geschieht erst im nächsten Schritt. Zunächst ist es wichtig, alle Beteiligten auf ein Ziel einzuschwören, damit es eine gemeinsame Basis gibt. Eine weitere Schwierigkeit besteht darin, dass gerade zu Beginn jeder versucht, seine Ideen und Gedanken in das Ziel zu packen. Das kann sehr herausfordernd sein. Am Ende steht dann ein Forderungskatalog mit zehn Hauptsätzen über drei Seiten. Für Ihre Arbeit vor Ort oder in der Region sollten Sie dies vermeiden. Stellen Sie immer wieder die Frage, ob ein Außenstehender das Ziel verstehen kann. Wenn nicht, dann arbeiten Sie mit Ihrer Gruppe weiter daran.

Die Erarbeitung eines Arbeitszieles kann sehr zeitintensiv sein. Geben Sie sich die Zeit. Diskutieren Sie so lange gemeinsam, bis Sie eine eingängige Formulierung gefunden haben. Dieses Ziel wird bei der Umsetzung Ihr Einleitungssatz für jedes Gespräch.

Auch wenn der Prozess anstrengend und zeitraubend aussehen mag, Sie werden das Ergebnis zu schätzen wissen. Versprochen.

Arbeitshilfe: Zusammenführung von Zielen
Zu Beginn schreibt jeder auf ein Stück Papier seine drei Hauptziele. Im nächsten Schritt setzen sich jeweils zwei Personen zusammen und vergleichen ihre Ergebnisse. Aus den insgesamt sechs Vorschlägen sollen drei herausgearbeitet werden. Die zwei Personen diskutieren ihre drei zusammengeführten Vorschläge nun mit einem anderen Paar und das Spiel wiederholt sich so lange, bis nur noch zwei Gruppen übrig bleiben. Deren Vorschläge werden dann gemeinsam diskutiert und wenn möglich auf ein Ziel reduziert. Das Gute daran: Es passiert eigentlich immer, dass die letzten Vorschläge der beiden Gruppen fast identisch sind. Wenn nicht, muss weiter nach einem Oberziel gesucht werden. Dies kann dann in der gesamten Gruppe geschehen oder das Verfahren beginnt mit einer neuen Eingangsfrage von vorne.

2. Unterziele definieren.

Nachdem Sie das Ziel Ihrer Arbeit formuliert haben, steht jetzt die Konkretisierung an. **„Wie wollen Sie das Ziel erreichen?“** Hier sind die verschiedenen Möglichkeiten gefragt, mit denen Sie Ihr Ziel erreichen wollen. Im Fall der Wohngemeinschaft wären mögliche Unterziele: „Wir halten die Küche sauber.“, „Das Bad wird regelmäßig geputzt.“ etc. Es kann aber auch sein „Wir feiern regelmäßige WG-Partys in der Wohnung.“

Vermeiden Sie in diesem Zusammenhang Wörter wie „wollen“, „sollten“ oder „müssen“. Diese sind zu unkonkret und lassen viel Spielraum, das Ziel nicht zu erreichen. „Wir müssten mal wieder den Müll rausbringen.“

Für diesen Schritt definieren Sie zunächst die Arbeitsbereiche, die für Ihre Lobbyarbeit von Bedeutung sind. Am einfachsten ist die Unterteilung in „Direkte Lobbyarbeit", „Öffentlichkeitsarbeit" und „Pressearbeit" wie in diesem Buch beschrieben. Sie können je nach Thema auch andere Überschriften wählen oder andere Bereiche definieren. Diesen Überschriften ordnen Sie nun Ihre Unterziele zu. „Wir müssen die Öffentlichkeit informieren", „Wir werden die Zeitungen im Ort nutzen". Ziel dieses Vorgehens ist es, den Überblick zu behalten. Verzetteln Sie sich nicht in einzelnen Maßnahmen. Diese werden erst im nächsten Schritt geplant. Dieser Prozess kann fließend sein, d.h. später können Sie Ihre Unterziele auch wieder verändern.

BEISPIEL: Die Initiative zum Einkaufszentrum verabredete sich nach der Erstellung des Arbeitsziels zu einer Nachmittagsveranstaltung am Wochenende. In einem ersten Schritt wurde das Vorgehen mit dem Zielsystem noch mal erläutert und dessen Sinn erklärt. In einer offenen Runde wurden dann mögliche Arbeitsbereiche auf Zuruf auf einer Tafel notiert. Die Meldungen der Teilnehmer wurden sortiert und unter Oberbegriffen zusammengeführt. Am Ende standen zehn Oberbegriffe, darunter offensichtliche Ziele wie „Öffentlichkeit informieren", „Politik auf unsere Seite ziehen", aber auch „Gruppenzusammenhang stärken" oder „positives Bild der Stadt schaffen".

Wenn Sie diesen Schritt zusammen mit Ihrer Gruppe durchführen, stellen Sie am Anfang sicher, dass jeder das Hauptziel vor Augen hat. Am besten ist es, wenn Sie es für alle sichtbar an einer Wand platzieren. Geben Sie dann Ihrer Gruppe Raum, Ideen zu entwickeln. Bewährt hat sich eine offene Diskussion, die auf Karten festgehalten wird. In einem offenen Brainstorming-Prozess tauchen immer wieder die besten Ideen auf. Auch abwegige Ideen zulassen! Sammeln Sie zuerst alle Punkte der Teilnehmer, ohne diese zu kommentieren. Häufig werden auch konkrete Maßnahmen genannt wie „Artikel in der Presse platzieren". Dies ist für viele Teilnehmer einfacher, als sich Oberbegriffe vorzustellen. Sammeln Sie einfach alle Meldungen und fangen Sie schon mal an zu sortieren. Der Rest findet sich meist schnell.

Arbeitshilfe: Arbeit mit Karten
Nutzen Sie die Karten aus den Metaplankoffern oder schneiden Sie sich selber welche zurecht (ist billiger). Jeder Teilnehmer bekommt einen dicken Stift und eine größere Anzahl von Karten. Auf die Karten sollen Stichwörter notiert werden, pro Karte ein Stichwort. Geben Sie den Teilnehmern Zeit zum Formulieren. Wenn die Ersten anfangen, sich zu langweilen, beginnen Sie mit der Sammlung. Teilnehmer, die noch nicht fertig sind, können weiterschreiben. Jeder Teilnehmer stellt seine Karten selbst vor und heftet sie an die Wand. Es ist möglich, Karten zu verschieben oder neu zu sortieren. Auch neue Karten sind erlaubt. Anschließend clustern Sie die Karten, d. h. Sie führen sie unter Oberbegriffen zusammen. Diskutieren Sie das Ergebnis so lange, bis alle Beteiligten zufrieden sind. Halten Sie die Ergebnisse fest.

3. Maßnahmen definieren.
Im letzten Schritt entwickeln Sie aus den Unterzielen heraus die Maßnahmen für Ihre Lobbyarbeit. Diese beschreiben die einzelnen Aktivitäten, die Sie zur Erreichung der Unterziele unternehmen müssen. Sie können an dieser Stelle die Frage stellen: **„Was müssen wir machen, um das Ziel zu erreichen?“** Aus diesen Maßnahmen entwickeln Sie auch den Zeit- und Arbeitsplan.

Unter dem Unterziel „Wir müssen die Öffentlichkeit informieren““ wären dementsprechend mögliche Maßnahmen: „Gestaltung eines Flyers innerhalb der ersten drei Monate“, „Drei öffentliche Veranstaltungen im ersten Jahr organisieren“

etc. Im obigen Beispiel unserer Wohngemeinschaft wären vernünftige Unterziele (je nach persönlichem Standard): „Der Fußboden muss einmal im Monat gewischt werden." „Der Herd muss einmal die Woche gesäubert werden" etc. Seien Sie an dieser Stelle so klar und deutlich wie möglich. Nutzen Sie die SMART-Regeln, um die Maßnahmen zu beschreiben. Je genauer Sie diese Regeln einhalten, desto konkreter wird Ihr Ergebnis. Mit SMART definierten Maßnahmen können Sie einen Fortschritt in Ihrer Arbeit erkennen, eine Erfolgskontrolle einführen und es kann auch mal gefeiert werden. Dies ist die beste Motivation.

BEISPIEL: Auf dem zweiten Teil der Nachmittagsveranstaltung wurden für die konkreten Maßnahmen Untergruppen gebildet. Dabei bekam jede Gruppe mehrere Bereiche, da die Gesamtzahl der Teilnehmer nicht ausreichte, zu jedem Ziel eine Gruppe zu bilden. Jede Gruppe hatte die Aufgabe, sich Maßnahmen zu den Zielen zu überlegen. Die SMART-Regeln lagen aus. Es wurde darauf hingewiesen, dass alle Maßnahmen umsetzbar sein müssen, d.h., dass auf begrenzte Arbeits- und Zeitressourcen geachtet werden muss. Ergebnisse waren u.a. „In den ersten drei Monaten wird ein Flyer erstellt." oder „Zum Stadtfest wird ein Infostand organisiert".

Wenn Sie zusammen mit Ihrer Gruppe die Maßnahmen definieren, achten Sie in besonderem Maße auf die SMART-Regeln. Die Menschen müssen sich verpflichtet fühlen, die Maßnahmen auch umzusetzen. Themen, die nicht SMART definiert sind, werden in der Regel auch nicht umgesetzt. Meist hat man mehr Aktivitäten gesammelt, als man bewältigen kann. Betrachten Sie diese Ideen als einen Ideenspeicher. Eventuell werden diese später noch gebraucht. Und der- oder diejenige, der/die die Maßnahme vorgeschlagen hat, fühlt sich nicht übergangen.

Für die Gruppe dienen die konkreten Maßnahmen außerdem zur Überprüfung des allgemeinen Ziels: Verstehen alle das Gleiche unter einem bestimmten Ziel? In der Wohngemeinschaft wurde beispielsweise schnell deutlich, dass jeder sich etwas anderes unter einer sauberen Küche vorstellte. Für den einen bedeutete besenrein „Es passt ein Besen rein", für den anderen, dass man vom Fußboden essen kann. Die gemeinsame Formulierung der Maßnahmen half schließlich, Kompromisse zu formulieren, mit denen jeder leben konnte. Dies sollten Sie auch an dieser Stelle im Auge behalten. Wenn nötig, diskutieren Sie noch mal das Oberziel. So viel Zeit muss sein.

Hinweis: Für die Umsetzung der Maßnahmen erstellen Sie einen Aufgabenplan. D. h. an dieser Stelle noch nicht in die Umsetzungsdetails gehen!

3.4 Einen Zeitplan entwickeln

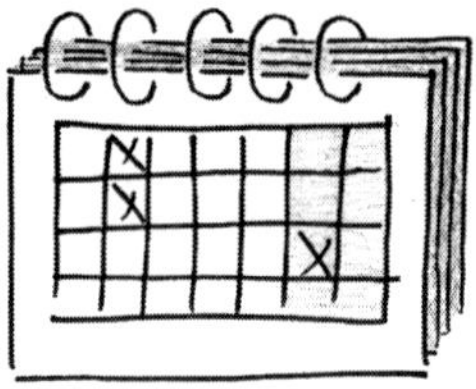

In den vorangegangenen Schritten wurden die Grundlagen gelegt. Sie haben die Ausgangslage analysiert, Ihr (Arbeits-)Ziel definiert und Maßnahmen entwickelt. Sie haben sozusagen die Pflicht erledigt. Jetzt steht die Kür an. Jetzt gilt es, aus diesem Sammelsurium eine Arbeitsstrategie zu entwickeln.

Machen Sie an dieser Stelle einen kleinen Einschnitt: Wiederholen Sie, was Sie schon erreicht haben. Das ist eine ganze Menge. Genießen Sie den Augenblick. Wenn Sie in einer Gruppe arbeiten, fragen Sie die reihum, wie Ihre Mitstreiter bislang die Arbeit empfunden haben. Wie wurde die Vorgehensweise bewertet? Sind alle zufrieden oder geht es vielen zu langsam oder zu schnell? In der Regel werden Sie an diesem Punkt viel Zuspruch erhalten. Auch bislang kritische Mitglieder werden Positives berichten. Bei Kritik verweisen Sie darauf, dass jetzt der spannende Teil beginnt. Machen Sie noch mal den Sinn dieser Planungsschritte deutlich. Wenn Sie viel Kritik einstecken müssen, denken Sie daran, dass es nicht nur an Ihnen liegt, wenn eine Sitzung nicht gut verlaufen ist. Ihre Mitstreiter sind als Teil der Gruppe für den Erfolg mitverantwortlich. Deshalb auch immer wieder der gute Rat, Ihre Gruppe bei jedem Schritt mit einzubinden. Das befreit Sie von zu viel Verantwortung.

Arbeitshilfe: Zufriedenheit messen

Wenn Sie nach der Zufriedenheit fragen, geben Sie eine Skala von eins bis zehn vor. Eins bedeutet sehr unzufrieden, zehn sehr zufrieden. Jeder soll mithilfe einer Zahl angeben, wie (un-)zufrieden er oder sie ist. Dieses System wird häufig in der Psychoanalyse verwendet. Es ist eine gute Methode, um einen Eindruck zu erhalten und Veränderungen zu registrieren. Zudem trauen sich die Menschen zu sagen, wenn sie unzufrieden sind. Egal wie der Durchschnitt der Bewertung ausfällt, fragen Sie nach, was beim nächsten Mal besser gemacht werden kann.

Wie bauen Sie jetzt eine gute Arbeitsstrategie auf? Im Endeffekt haben Sie alle Zutaten beisammen. Einen Plan zu entwickeln bedeutet nichts anderes, als die einzelnen Maßnahmen in eine zeitliche Reihenfolge zu bringen. Ihre Frage muss also lauten: **„Was werde ich wann machen?“**

Der einfachste Weg, einen Zeitplan zu machen, ist, eine Zeitleiste zu erstellen. Malen Sie einen Strich, auf dem Sie die Monate markieren. Fügen Sie in die Zeitleiste auch Ereignisse ein, auf die Sie reagieren müssen bzw. die Sie für die Erreichung Ihres Zieles nutzen können. Steht ein Stadtfest an, können Sie hier Ihr Ziel „Infostand“ platzieren. Stehen Entscheidungen im politischen Prozess an? Vergessen Sie auch nicht, Feiertage und Ferienzeiten zu markieren. Die Länge der Zeitleiste ist von Ihrem Projekt abhängig. Für größere Projekte kann ein Überblick über die nächsten fünf Jahre sinnvoll sein (der berühmte sozialistische Fünfjahresplan). In der Regel ist ein Zielhorizont von zwei Jahren angemessen, da dieser Zeitraum am ehesten zu überblicken ist. Bei kleineren Projekten wählen Sie kürzere Zeiträume, das hängt ganz von Ihrem Thema ab.

Im ersten Schritt platzieren Sie auf dieser Linie Ihre konkreten Maßnahmen. Nehmen Sie, wenn möglich, Karten oder Post-its, damit Sie Maßnahmen auf der Leiste verschieben können (auch hierfür gibt es kostenlose Programm im Internet). Fügen Sie die Karten erst nach Gefühl ein, denken Sie nicht zu lange über Details nach. Schauen Sie nach Ereignissen, auf die Sie reagieren müssen oder die Sie nutzen können.

Im nächsten Schritt prüfen Sie, ob die Maßnahmen in einer sinnvollen zeitlichen Reihenfolge stehen. Welche Maßnahme muss zuerst angegangen werden – soll erst der Fußboden gewischt werden oder ist der Abwasch dringender? Welche Maßnahme ist von einer anderen abhängig – erst muss der Boden gefegt werden, dann macht es Sinn, zu wischen, etc.

Erst im dritten Schritt prüfen Sie jetzt die Einzelheiten. Welche Ressourcen verschlingen die einzelnen Maßnahmen? Ist dies überhaupt in der Zeit zu schaffen? Eine Veranstaltung beispielsweise benötigt einen recht langen Vorlauf, ein Interview hingegen ist schnell gegeben. Denken Sie auch daran, dass unvorhergesehene Ereignisse eintreten können, auf die Sie reagieren müssen. Das kann im Einzelfall Wochen an Zeit und Ressourcen kosten. Passen Sie deshalb auf, dass Sie nicht zu viele Maßnahmen anstreben. Konzentrieren Sie sich lieber auf einige wenige Projekte, als nachher in einem Wust von Aufgaben unterzugehen.

Auch diese Arbeitsschritte sollten Sie mit Ihrer Gruppe zusammen durchführen. Ein Mitglied kann die Maßnahmen auf Karten schreiben. Je nach Gruppengröße können Sie dann gemeinsam die Karten ordnen oder einen Prozess analog dem Verfahren Zielformulierung gestalten: Je zwei Personen einigen sich auf eine Rangfolge, dann vier und so weiter (siehe oben). Prüfen

Sie die Ressourcen Ihrer Mitstreiter. Wer möchte/kann wie viel Zeit investieren? Versuchen Sie, gleich Gruppen zu bilden, die einzelne Aufgaben oder Projekte übernehmen. Machen Sie deutlich, dass zu diesem Zeitpunkt keiner verpflichtet ist, alles zu schaffen. Es soll auch Spaß machen.

Während der Diskussion können neue Maßnahmen entstehen, diese müssen gegebenenfalls eingefügt werden. Bestehende Bereiche können auch konkretisiert oder Maßnahmen zusammengefasst werden. Seien Sie also offen für Veränderungen. Jedes Projekt kann am Ende anders aussehen als vorher geplant. Sehen Sie die Reihenfolge deshalb nicht als unabänderlich an. Planung ist stets eine Anpassung an die Realität. Überprüfen Sie in regelmäßigen Abständen den Zeitplan und passen Sie die Maßnahmen an.

> Planen Sie großzügig. Viele Aufgaben erfordern mehr Zeit als vorher eingeplant.

Am Ende des Prozesses haben Sie eine Zeitleiste mit einer Reihe konkreter Maßnahmen, die zu einem bestimmten Zeitpunkt erfüllt werden sollen. Im folgenden Beispiel wird der Jahresplan der Gruppe zum Einkaufszentrum gezeigt.

Zeitplan der Gruppe „Einkaufszentrum“

3.5 Einen Arbeitsplan entwickeln

Den Arbeitsplan entwickeln Sie jetzt ganz einfach aus dem Zeitplan. Viele Aufgaben erfordern eine mehr oder weniger lange Vorbereitungszeit. Diesen Vorlauf müssen Sie in Ihrem Plan deutlich machen. Sie werden sicherlich die einzelnen Maßnahmen/Arbeitspakete schon so angeordnet haben, dass Sie den nötigen Zeitbedarf abgeschätzt haben. Jetzt können Sie diesen Zeitbedarf genauer planen. Ob die Gestaltung eines Flugblattes, die Organisation einer Veranstaltung oder ein Gespräch mit Politikern ansteht, wichtig ist die Vorbereitung. Folgende Frage sollten für die Planung beantwortet werden: **„Was macht wer mit wem womit bis wann?"**

Was?

Welche Aufgabe steht an? Ist sie hinreichend konkret definiert? Gibt es Möglichkeiten, sie in Teilaufgaben zu zerlegen? Diese Fragen sind notwendig, um die Größe der Aufgabe abzuschätzen und vor Überraschungen gefeit zu sein. Je genauer die Aufgaben im Vorfeld definiert wurden, desto leichter lassen sich Arbeits- und Zeitaufwand überblicken.

Wer?

Wer macht was? Wer koordiniert die Arbeiten? Wer ist Ansprechpartner für Fragen und Probleme? Für jeden Arbeitsschritt müssen Verantwortlichkeiten festgelegt werden. Wenn Sie alleine an Ihrer Lobbystrategie arbeiten, nutzen Sie diesen Punkt, um eventuelle Abhängigkeiten aufzuzeigen. Für die Gruppe hat im Idealfall jede Person am Ende einen Bereich, für den sie die Verantwortung übernimmt. Nutzen Sie die Stärken Ihrer Mitstreiter. Ein Journalist ist sicherlich der beste Ansprechpartner für die Presse und koordiniert die Arbeit nach außen. Wer gerne kocht oder backt, ist am besten für die Verpflegung geeignet. Machen Sie deutlich, dass jede Arbeit gleich wichtig ist, und nur, wenn alle an einem Strang ziehen, kann Ihr Projekt von Erfolg gekrönt sein.

Mit wem?

Wer arbeitet an einer Aufgabe mit? Nachdem es eine Person gibt, die für die Aufgabe verantwortlich ist, können sich jetzt Mitstreiter melden, die diese unterstützen. Sie können dazu auch Untergruppen bilden. Vielfach ist es nicht nötig, dass die ganze Gruppe sich mit den einzelnen Schritten zur Erfüllung einer Aufgabe beschäftigt. Es ist effektiver, Aufgaben einzelnen Gruppen ganz zu übertragen.

Womit?

Was benötigen wir für diese Aufgabe? Welche Ressourcen müssen zur Verfügung stehen? Eine einfache Liste hilft, damit bei der Durchführung keine Panik ausbricht, nur weil ein Teil fehlt. Aber haben Sie auch Mut zur Improvisation. Irgendetwas wird immer vergessen. Wenn Sie ruhig bleiben, findet sich meist schnell eine andere Lösung. Vergessen Sie eventuelle Parallelaktionen nicht. Ist das Zeltdach schon bei einer anderen Aktion verplant, muss ein Stand anders aussehen oder abgesagt werden. Definieren Sie, welche Materialien, Ressourcen und Geldmittel eine Aufgabe benötigt.

Bis wann?

Bis wann muss jede Aufgabe erledigt sein? Was muss vorher erledigt worden sein bzw. von welchen Ergebnissen ist eine Aufgabe abhängig? Ein fester Zeitpunkt ist insbesondere dann wichtig, wenn andere Aufgaben davon abhängen, dass diese abgeschlossen wurde. Sie können hier wieder die Systematik der Zeitleiste aus dem vorhergegangenen Schritt nutzen. Unterteilen Sie, wenn nötig, einzelne Aufgaben und setzen Sie für jeden Schritt Zeitpunkte fest, bis wann diese erledigt werden müssen. Im Endeffekt hängt es von den konkreten Aufgaben ab, wie genau Sie planen können und müssen.

Für alle Punkte gilt, dass Sie ein gesundes Mittelmaß finden müssen. Inwieweit Aufgaben ausdifferenziert, wie viele Menschen daran beteiligt oder wie konkret die Zeitpläne beschaffen sein sollten, müssen Sie selbst entscheiden. Zu viele Vorgaben können hemmen, zu wenige zu unvorhergesehenen Problemen führen. Eine goldene Regel gibt es leider nicht. Aber lassen Sie sich nicht nervös machen. Am Ende klappt es doch immer irgendwie.

Selbstverständlich gibt es noch tausend andere Möglichkeiten, konkrete Arbeitspläne zu erstellen. Allein das Angebot an Projektmanagementprogrammen ist unübersichtlich. Wenn Sie bereits eines nutzen oder ein anderes System für sich besser finden, dann nehmen Sie dieses. Wichtig ist lediglich, dass Sie Ihre Aufgaben überblicken können.

Beispiel: Arbeitsplan Infostand

Aufgabe: Infostand				
Was?	***Wer?***	***Mit wem?***	***Womit?***	***Bis wann?***
Planung und Durchführung eines Infostandes in der Innenstadt	Claudia: *Organisation, Koordination* Felize: *Verpflegung*	Tjure: *Materialien und Aufbau* Harry: *Genehmigung und Verwaltungsarbeit* Elsbeth: *Presseankündigung*	Sachmittel: *Zelt, Tisch, Flyer, Infobox, Banner* Ressourcen: *Pressemensch, Flyermacher, Handwerker* Kosten: *ca. 500 Euro*	Planung *bis zum 31.05.* Materialien *bis 15.06.* Aufbau am *28.06. ab 11:00 Uhr* Abbau *30. 06. Ab 16:00 Uhr*

3.6 Tipps zum Abschluss

Mit diesem relativ einfachen System: Vision → Analyse → Ziele → Zeitplanung → Arbeitsplanung haben Sie Ihre Lobbystrategie beisammen. Die Inhalte erfahren Sie in den nächsten Kapiteln. Fünf Punkte sollen Sie aber vorher noch mitnehmen:

1. Motivation erhalten

Was motiviert Sie? Ihre Vision! Aber reicht das aus? Versuchen Sie, die kleinen Erfolge zu sehen. Erhalten Sie auch die Motivation Ihrer Gruppe. Denken Sie daran, dass alle Beteiligte mehr oder weniger freiwillig mitarbeiten. Fördern Sie weiche Faktoren wie Gruppengefühl, Nestwärme etc. Keiner hat Lust, zu Treffen zu kommen, wenn die Rahmenbedingungen nicht stimmen.

2. Maßnahmen entspannt umsetzen

Vermeiden Sie Konflikte. Bestimmen Sie einen Schlichter, der bei Unstimmigkeiten zwischen den Parteien vermitteln kann. Legen Sie, bevor Sie mit einzelnen Maßnahmen anfangen, einen Verantwortlichen fest. Während der Maßnahme fehlen die Zeit und die Ruhe, die Gruppe diskutieren zu lassen. Wenn dann die Nerven blank liegen, wird eine Person als Problemlöser benötigt. Haben Sie auch immer einen Notfallplan in der Hinterhand. Denken Sie an Murphy's Law: Alles, was schiefgehen kann, geht auch schief.

3. Ziele überprüfen

Überprüfen Sie in regelmäßigen Abständen Ihre Ziele und Unterziele. Selbst das Ziel der gesamten Arbeit kann sich verändern, wenn sich die Rahmenbedingungen verändert haben. Insbesondere im politischen Raum sind Änderungen schnell möglich. Überprüfen Sie in regelmäßigen Abständen, ob die geplanten Maßnahmen noch nötig sind. Vielleicht wurde ein Ziel schon erreicht und eine Aktion dazu ist gar nicht mehr nötig?

4. Zwischenauswertung

Nach jeder Maßnahme, die Sie realisiert haben, sollten Sie kurze eine Auswertung vornehmen. Nutzen Sie dafür die folgenden Fragen. Halten Sie die Ergebnisse schriftlich fest. Für die nächste Aktion sind solche Daten sehr hilfreich.

- Haben wir unser Ziel erreicht? Was war am Anfang geplant, was ist am Ende dabei herausgekommen? (Wenn Sie gemäß den SMART-Regeln vorher Kriterien definiert haben, können Sie diese jetzt einfach überprüfen.) Seien Sie auch offen für weniger sichtbare Erfolgskriterien.
- Wie geht es den Mitwirkenden? Sind sie mit der Aktion zufrieden? Nutzen Sie dazu die Zufriedenheitsskala.
- Was haben wir an Ressourcen eingesetzt? War der Einsatz angemessen? Eventuell konnten sogar Ressourcen hinzugewonnen werden.
- Was kann beim nächsten Mal besser gemacht werden? Prüfen Sie hier, ob es einfachere Möglichkeiten gibt, das angestrebte Ziel zu erreichen.
- Wie klappte die Zusammenarbeit? Gab es Probleme mit einzelnen Personen oder Gruppen? Diese Frage müssen Sie ansprechen. Es besteht sonst die Gefahr, dass Konflikte unterschwellig weiterschwelen, um beim nächsten Projekt umso stärker auszubrechen.
- Wie ist die Aktion in unserem Umfeld angekommen? Was sagen Freunde und Bekannte? Mit dieser Frage haben Sie die Möglichkeit, sich ein neutrales Bild von außen zu holen. Bitten Sie alle Mitwirkenden, Freunde und Bekannte zu befragen.

5. Erfolge feiern

Wenn Sie eine Aktion oder eine Veranstaltung erfolgreich durchgeführt haben, Sie gemeinsam ein Ziel erreicht haben oder auch nur einfach so – feiern Sie ordentlich! Unterschätzen Sie nie die Bedeutung des geselligen Beisammenseins für die Motivation einer Gruppe oder auch bei sich selber.

4. Lobbyarbeit – Die Entscheider erreichen

Das A und O der Lobbyarbeit ist die Ansprache der Entscheider.

Vielfach werden unter Entscheider Politiker und Politikerinnen verstanden, da sie es sind, die in unserer Gesellschaft in der Öffentlichkeit stehen. Vergessen wird dabei, dass jede Politik ohne die Verwaltung im Hintergrund nicht funktionieren kann. Die Verwaltung bereitet die Gesetzesentwürfe vor, liefert Wissen und bietet den Background, ohne den die Politik verloren wäre. Sind die Politiker diejenigen, die das Aushängeschild in der Öffentlichkeit darstellen, sind die Menschen in der Verwaltung die Bodentruppen, die die eigentliche Arbeit machen. Für Ihre Arbeit als Lobbyist ist es wichtig, beide Entscheidungsebenen anzusprechen.

4.1 Wer ist meine Zielgruppe?

Um erfolgreiche Lobbyarbeit zu gestalten, muss man sein Gegenüber kennen. Viele Gruppen machen den Fehler, mit riesigem Aufwand eine Unmenge an Papier und Aktivitäten zu produzieren, ohne genau zu wissen, für wen der ganze Aufwand getrieben wird. Lernen Sie Ihre Zielgruppe kennen. Dann wissen Sie, mit welchen Mitteln Sie arbeiten müssen.

> Sie werden feststellen, dass Sie im Laufe Ihrer Arbeit die Rolle einzelner Personen immer besser verstehen.

Wer steht hinter den Begriffen Verwaltung und Politik?

Es heißt immer „die Politik“ oder „die Verwaltung“. Dabei wird schnell vergessen, dass hinter diesen Begriffen Menschen stehen. Je nach Stellung und persönlichem Charakter besitzen sie mehr oder weniger Einfluss im Entscheidungsprozess. Und wie überall gibt es solche und solche Menschen. Gehen Sie von der Annahme aus, dass Ihr Gegenüber Ihren Idealismus, Ihre Werte und Ihre Ansichten teilt. Das macht die Arbeit einfacher. Jeder Mensch, der im öffentlichen Raum arbeitet, begreift sich als Vertreter des Gemeinwohls. Dementsprechend ist er bemüht, das Beste für die Menschen zu erreichen. Wie das Beste aussehen kann, darüber herrschen jedoch unterschiedliche Meinungen. Es gibt natürlich auch diejenigen, die in ihrem Beruf alt geworden sind, schlechte Erfahrungen gemacht haben und frustriert sind. Lassen Sie sich nicht beirren von solchen Personen. Als Kooperationspartner sind sie nicht zu gebrauchen, aber eventuell kann man sie als Informationsquelle nutzen. Leider trifft man bei der Arbeit als Lobbyist nicht nur auf angenehme Menschen.

Wie funktionieren Verwaltung und Politik?

Die Beziehungen zwischen den Akteuren sind häufig wichtiger als die offiziellen Abläufe. Verwaltung und Politik bilden ein System aus verschiedenen Rädern, die ineinandergreifen. Dabei arbeiten die Akteure mehr oder weniger eng zusammen. Die Politik ist auf eine kooperative Verwaltung angewiesen und umgekehrt. Nur findet man das nicht immer vor. Es gibt gut funktionierende Verwaltungen mit Politikern an der Spitze, die wie geölt laufen. Und es gibt Systeme, die nur aus Krach und Streit bestehen.

Wer macht was? Wo ist die Politik zuständig – wo greift die Verwaltung ein? Und welche Ebene ist zuständig? Eine einfache Definition sieht so aus:

- Die Verwaltung liefert die Grundlagen, berät die Politik, bereitet Gesetze vor und setzt sie um.
- Die Politik gibt die Grundlinien vor und entscheidet über Lösungen.
- Die Öffentlichkeit setzt Themen auf die politische Agenda, übt Druck auf Politik und Verwaltung aus und beeinflusst die Entscheidungen.

Die Realität ist komplizierter. Denn auch wenn die Entscheidung im Parlament stattfindet, gibt es einen jahrelangen Vorlauf, den Sie als Lobbyist überblicken müssen. Es hängt vom jeweiligen Thema, der Ebene, auf der entschieden wird, und der Struktur der Verwaltung und Politik ab. Aber es gibt auch eine gute Seite: Die Strukturen vor Ort sind meist gar nicht so unübersichtlich. Wenn Sie die wesentlichen Akteure kennen, können Sie auch leicht an Informationen über den Prozess gelangen. Lobbyarbeit bedeutet, Beziehungen aufzubauen. Finden Sie Ihnen wohlgesinnte Akteure, werden diese Sie mit den nötigen Informationen versorgen.

> Scheuen Sie sich nicht, zu fragen. Menschen können Ihnen besser helfen als Papiere.

Um nicht blauäugig in den Prozess gehen zu müssen, liefert der Policy-Cycle aus dem vorherigen Kapitel eine Übersicht über die Entscheidungsprozesse und die wesentlichen Akteure. Diese Struktur macht außerdem die Zusammenarbeit zwischen Politik, Verwaltung und Öffentlichkeit deutlich. Aber bitte beachten: Es handelt sich nur um ein Schema, welches Ihnen einen Überblick verschaffen soll. Die Wirklichkeit kann anders aussehen.

1. **Die erste Phase: Thematisierung.**
In dieser Phase werden die Probleme aufgezeigt (meist gibt es ein Problem, welches gelöst werden muss). Die Rolle der Politik beschränkt sich hier noch auf die des Zuschauers und Ideengebers. Meist gibt es einzelne Politiker, die das Problem benennen und sich mit dem Thema beschäftigen. Das Thema wird hauptsächlich in der Öffentlichkeit diskutiert. In den Medien tauchen Artikel und Beiträge dazu auf. Die Verwaltung spielt noch keine Rolle.

2. **Die zweite Phase: Politikformulierung.**
In dieser Phase wird um die Lösung des Problems gerungen. Die Politik hat sich des Problems angenommen und in den ver-

schiedenen Parteien werden Positionen formuliert. Einzelne Politiker nehmen sich der Sache aus Interesse oder aufgrund des öffentlichen Drucks intensiver an. Die Politiker kämpfen in ihrer Partei und in der Öffentlichkeit für ihre Lösungsvorschläge. In der Öffentlichkeit wird diskutiert, wie verschiedene Lösungen aussehen können. Öffentliche Veranstaltungen und Presseartikel informieren über politische Lösungsmöglichkeiten. Auch in der Verwaltung laufen die Vorbereitungen. Einzelne Arbeitsgruppen beschäftigen sich mit dem Thema und holen Informationen dazu ein. Die Grundstruktur wird von der Politik vorgegeben, die Einzelheiten der Ausgestaltung werden (mal mehr, mal weniger) von der Verwaltung vorbereitet. Die Verwaltung berät die Politik bei der Entscheidungsfindung.

3. **Die dritte Phase: Entscheidung.**

In dieser Phase werden die verschiedenen Vorschläge überprüft und die Politik fällt eine Entscheidung. Hier schlägt die Stunde der Politiker. In öffentlichen Sitzungen (Gemeinde, Landtag etc.) werden die einzelnen Positionen vertreten und Entscheidungen getroffen. Auf die Richtung der Lösung haben sich die entscheidenden Akteure bereits festgelegt. In der Regel werden lediglich einzelne Punkte geändert, um einen Kompromiss zwischen den Parteien zu erleichtern. Die Verwaltung besitzt in dieser Phase nur eine beschränkte Möglichkeit der Einflussnahme. Auch die Öffentlichkeit besitzt nur wenig Einflussmöglichkeiten. Einzelne Regelungen können auf Druck von außen noch verändert oder neu eingefügt werden. Am Ende dieser Phase steht häufig ein Gesetz (oder Verordnung, Richtlinie etc.).

4. **Die vierte Phase: Umsetzung.**

In dieser Phase werden die beschlossenen Gesetze in geltendes Recht umgesetzt. Häufig geben die Gesetze nur noch einen Rahmen vor, der durch weitere Schritte ausgestaltet werden muss. In dieser Phase ist die Politik außen vor. Die Ausgestaltung obliegt der Verwaltung. Wie soll das Gesetz überwacht werden? Welche Behördenstruktur muss geschaffen werden, um es umzusetzen? Dies kann schon im Gesetz beschrieben sein. Meist wird dies aber von der Verwaltung separat geregelt.

5. **Die fünfte Phase: Evaluation.**
Funktioniert das Gesetz? Wenn das Ziel mit dem Gesetz nicht erreicht wurde, beginnt der Prozess von vorne. Der Anstoß für ein Umdenken kann von vielen Seiten kommen. Die Öffentlichkeit macht Druck, Politiker sehen, dass es nicht funktioniert, oder die Verwaltung hat Schwierigkeiten, eine effektive Umsetzung zu erreichen. Hier können alle Akteure den Stein ins Rollen bringen.

Sie sehen in diesem Modell, dass in einigen Phasen eher die Politik am Ruder ist und in anderen Phasen mehr die Verwaltung. Dies kann im Einzelfall auch anders aussehen. Viel hängt vom Enthusiasmus einzelner engagierter Personen ab. Während Ihrer Arbeit müssen Sie mit diesen Menschen zusammenarbeiten. Finden Sie die Schlüsselakteure und etablieren Sie eine gute Kooperation. Dies ist mehr wert, als alle Schemata zusammen.

4.2 Welche Interessen verfolgen die verschiedenen Ebenen?

Auch wenn Politik und Verwaltung häufig zusammen agieren, haben beide Seiten ihre eigenen Interessen. Für Ihre Arbeit ist es von Vorteil, diese zu kennen. Sie werden verstehen, wie und warum einzelne Akteure auf eine bestimmte Art handeln. Sie können auch besser abschätzen, wo Sie mit Ihrer Lobbyarbeit ansetzen sollten. Leider kann auch hier wieder nur ein allgemeines Bild gezeichnet werden. Häufig hängt es von einzelnen Personen ab, welche Werte die Organisation vertritt. Nehmen Sie die folgenden Beschreibungen deshalb als Grundannahmen. Wichtig ist, dass Sie bei Ihrer Arbeit ein offenes Auge für die dahinter liegenden Strukturen behalten.

Verwaltung

Nach dem Selbstverständnis der Verwaltung vertritt sie das Gemeinwohl. Sie organisiert die Abläufe des täglichen Geschäfts, ist überparteilich und neutral. Oberster Dienstherr der Verwaltung ist die Politik. Die Verwaltung ist dazu angehalten, die Vorgaben der Politik umzusetzen. Hierbei besitzt sie einen gewissen Spielraum. Wie jede Organisation möchte auch die Verwaltung ihre Vorschläge durchsetzen. Die Beziehung zur Politik ist einerseits von Kooperation geprägt, manchmal aber auch von der Ansicht, die besseren Lösungen zu vertreten. Im Extremfall kann die Verwaltung die Umsetzung von Gesetzen blockieren oder direkt gegen einen Gesetzesentwurf arbeiten. Dies geschicht glücklicherweise nur sehr selten.

Die Beziehung zwischen Verwaltung und Bürger ist zwiespältig. Vor nicht allzu langer Zeit wurde der Bürger noch als Bittsteller empfangen. Er störte die Abläufe in der Verwaltung, neue Ideen von außen schufen mehr Arbeit, aber selten wirkliche Verbesserungen. Dies hat sich, auch im Zuge der Verwaltungsreform, in den letzten Jahren stark verändert. Die originäre Aufgabe der Verwaltung, dem Bürger zu dienen und als Ansprechpartner zur Verfügung zu stehen, wurde wiederbelebt. Es etablierte sich eine neue Sichtweise: der Bürger als Kunde. Das führte unter anderem dazu, dass bei vielen Vorhaben die Bürgerbeteiligungsmöglichkeiten ausgebaut und die Abläufe beim „Kundenkontakt" verbessert wurden. So sind Passangelegenheiten heutzutage keine Angelegenheit von Stunden mehr, sondern mit Glück innerhalb von zehn Minuten zu erledigen. Auf der anderen Seite führt das höhere Beteiligungsinteresse der Bürger zu einem erheblichen Mehraufwand. Anfragen müssen bearbeitet, Stellungnahmen geschrieben und alle Entscheidungen transparent und gerichtsfest getroffen werden.

Ein Hauptproblem fast aller Verwaltungen ist die geringe Stellenausstattung. In vielen Verwaltungen und Behörden wurde das Personal radikal abgebaut. Sparzwänge und Deregulierung haben dazu geführt, dass viele Behörden buchstäblich auf dem Zahnfleisch kriechen. Das führt zu solch widersinnigen Entwicklungen, dass Aufträge an Fremdfirmen mangels Personals nicht mehr kontrolliert werden können. In den letzten Jahren änderte sich der Trend langsam und es werden wieder mehr Menschen eingestellt, aber die Ausdünnung der Verwaltungen ist nach wie vor ein Problem. Es bleibt schlicht keine Zeit mehr, zusätzliche Aufgaben zu übernehmen.

Anmerkung des Autors: Dem beliebten Behördenbashing (alle faul und früh in Rente) soll hier entgegengehalten werden. Eigene Erfahrungen zeigen, dass viele Mitarbeiter hoch motiviert und willig sind, für eine gute Sache zu helfen.

Auch in der Verwaltung gibt es unterschiedliche Hierarchieebenen. Diese sind im täglichen Ablauf sehr wichtig. Die deutsche Verwaltung ist aufgrund der Erfahrungen aus der Zeit der nationalsozialistischen Gewaltherrschaft so aufgebaut, dass Willkür möglichst ausgeschlossen werden soll. Das führt zu einer formalisierten Vorgehensweise mit exakt definierten Ablauf- und Entscheidungsstrukturen. Diese müssen Sie für Ihre Arbeit kennen.

Und letztendlich ist auch die Verwaltung kein homogenes Gebilde. Manchmal kämpfen einzelne Abteilungen gegeneinander um Einfluss und Bedeutung. So sind die Umweltabteilungen beispielsweise oft personell unterbesetzt und in einer schwierigeren Lage im Vergleich zu anderen Ressorts. Häufig hängt es von einzelnen Personen ab, wie relevant die Stellung der Abteilung im politischen Prozess ist.

Politik

Auch die Politik begreift sich als Vertreter des Gemeinwohls, allerdings mit einem gravierenden Unterschied: Parteien vertreten in erster Linie die Sichtweisen, Interessen und Werte ihrer Wähler. Jeder Politiker und jede Politikerin steht in einem Spannungsfeld zwischen der eigenen Meinung, der der Partei, dem, was sachlich geboten wäre, und eventuell dem Willen der Öffentlichkeit. Wenn alle sich einig sind, ist es natürlich einfach. Vielfach ist dies aber nicht so. Politik muss immer abwägen zwischen Partikularinteressen, also den Interessen einzelner Verbände oder Organisationen bzw. Unternehmer, und dem Interesse der Allgemeinheit. Gerade in der lokalen Politik ist dies sehr ausgeprägt. Wer kennt das Beispiel nicht, dass der Pfarrer, der größte Unternehmer und der Bürgermeister abends im Dorfkrug Politik machen? Dieses Klischee ist nicht umsonst entstanden.

Parteipolitik spielt auf regionaler Ebene häufig keine so große Rolle wie in der Landes- oder Bundespolitik. Man kennt sich über Parteigrenzen hinweg und wer nebeneinander lebt, ist in der Regel bestrebt, ein gutes Verhältnis zu wahren. Hier stehen eher einzelne Personen im Vordergrund, die relativ unabhängig von ihrer Partei agieren können.

Der einzelne Politiker kann ein großes Eigeninteresse an bestimmten Sachverhalten besitzen. Unterschätzen Sie nicht den Enthusiasmus, der die Menschen bewegt, in der Politik zu arbeiten. Es bedeutet eine hohe persönliche Belastung, sich in diesen Strukturen zu engagieren – häufig außerdem noch ehrenamtlich. Abendveranstaltungen, Parteisitzungen, Wochenendveranstaltungen etc. Feierabend sieht meistens anders aus. Und die Anerkennung ist auch nicht immer gegeben. Wer sich in der Politik engagiert, muss ein dickes Fell mitbringen.

Für den Politiker ist ein wesentliches Interesse von Bedeutung: die Wiederwahl (deshalb auch immer die vielen Aktivitäten vor den nächsten Wahlen). Für Sie hat es einen Vorteil. Es bedeutet, dass die Politiker auf Sie als Multiplikator angewiesen sind. Planen Sie beispielsweise eine öffentliche Veranstaltung, wird jeder Politiker gerne die Gelegenheit nutzen, sich zu präsentieren.

4.3 Wer ist für meine Arbeit wichtig?

Lobbyarbeit besteht aus der Pflege persönlicher Kontakte. Sie müssen zu den relevanten Personen eine Beziehung aufbauen und sich als kompetenter Gesprächspartner präsentieren. Es reicht nicht, nur ab und zu ein Papier zuzusenden und darauf zu hoffen, dass die eigene Position übernommen wird.

Im Zentrum Ihrer Lobbyarbeit stehen die relevanten Entscheidungsträger. In der Strategiephase haben Sie bereits die wichtigsten Anlaufstellen herausgefunden. Wenn Sie mit Ihrer Lobbyarbeit anfangen, ist es hilfreich, diese Liste noch mal vor sich zu haben und (soweit noch nicht geschehen) mit Namen von Ansprechpartnern zu versehen. (Zu ihnen zählen auch Multiplikatoren, d.h. informelle und formelle Meinungsführer in Verbänden oder Journalisten. Hierzu später mehr). Finden Sie die Schlüsselstellen. Diese können ganz andere sein als im System vorgesehen. Leider bekommt man erst nach einiger Zeit einen tieferen Einblick. Scheuen Sie sich nicht, nachzufragen. Suchen Sie Ansprechpartner, die sich in den Entscheidungsprozessen auskennen. Das können auch Menschen sein, die mit Ihrer Sache nichts zu tun haben.

Politik

In der Regel ist es schwierig bis unmöglich, an die oberste Hierarchieebene (z.B. den Bürgermeister) zu gelangen. Aber wichtige Entscheidungen werden sowieso auf den unteren Ebenen getroffen. Wichtig ist es, sich im Vorfeld zu informieren, wer sich mit dem Thema befasst und zu Entscheidungen beiträgt. Kontaktieren Sie im Vorfeld die Mitarbeiter. Versuchen Sie nicht, direkt an die oberen Ebenen zu gelangen (es sei denn, Sie verfügen bereits über die entsprechenden Kontakte). Mit diesem Vorgehen können Sie das Thema an die Entscheider herantragen und finden eventuell unter den Mitarbeitern Verbündete.

Bei Landtags- oder Bundestagsabgeordneten ist ein guter Kontakt zu den Mitarbeitern teilweise wichtiger als zu den Abgeordneten selber. Laden Sie die Mitarbeiter zu Ihren wichtigen Treffen immer mit ein. Der Abgeordnete hat in der Regel wenig Zeit. Der oder die Mitarbeiterin ist enger am Thema dran.

Schauen Sie sich außerdem die übergeordneten Ebenen (Landes- oder Bundestagsabgeordnete) an. Fast jede Partei hat einen Abgeordneten oder Kandidaten für Ihren Wahlkreis. Diese können Sie mit Informationen versorgen und Druck auf lokaler Ebene ausüben. Viele Parteien haben mehr oder weniger öffentliche Arbeitsgruppen zu bestimmten Themen. Dies hängt von der Größe Ihrer Stadt oder Ihres Landkreises ab. Es schadet nicht, einfach mal nachzufragen. In diesen Arbeitsgruppen treffen sich die Experten für Ihr Thema. Wenn Sie hier Verbündete finden, haben Sie ganz andere Möglichkeiten.

> Seien Sie offen für jedermann, unabhängig von der Parteizugehörigkeit. Es kommt immer wieder vor, dass der Politiker ein eigenes Interesse an Ihrem Thema besitzt, welches nicht im Parteibuch steht.

Nach einiger Zeit werden Sie merken, welche Personen die Entscheidungen fällen und welche Sie nur mit Informationen versorgen können. In der täglichen Arbeit ist es gar nicht so einfach, die Entscheidungsstrukturen hinter den Rängen zu erkennen. Aber wenn man das System erst mal verstanden hat, ist alles einfacher.

Verwaltung

In der Regel wird eine Abteilung der Verwaltung für Ihr Anliegen zuständig sein. Finden Sie die mit Ihrem Themengebiet beschäftigten Mitarbeiter. Je nach Größe der Abteilung können das eine oder mehrere Personen sein. Denken Sie daran, dass möglicherweise mehrere Abteilungen für Ihr Thema zuständig sind und diese nicht immer zusammenarbeiten müssen. Versuchen Sie, alle Abteilungen in Ihre Arbeit einzubeziehen. Manchmal werden Entscheidungen von ganz anderen Personen beeinflusst, als man gedacht hätte.

Streben Sie mit diesen Personen eine langfristige Zusammenarbeit an. So gelangen Sie frühzeitig an wichtige Informationen und erhalten Einblicke in die Abläufe der Entscheidungsfindung. Wenn Sie auf Landesebene aktiv werden wollen, kontaktieren Sie Ihre Ansprechpartner in den Ministerien. Auch hier müssen Sie wieder die Schlüsselstellen finden.

Konzentrieren Sie sich auf die wichtigsten Personen. Sie werden nicht die Zeit haben, alle fortwährend in Ihre Arbeit einzubeziehen. Wenn Sie mit den wichtigsten Akteuren eine gute Beziehung aufgebaut haben, werden Sie genug zu tun haben.

4.4 Wie finde ich meine Ansprechpartner?

Bevor Sie lange in Verwaltungsführern suchen, Parteiprogramme durchblättern oder das Internet durchforsten: Am einfachsten ist immer noch der Griff zum Telefon.

Politik

Auf der lokalen Ebene ist es am einfachsten. Suchen Sie die Parteibüros bei Ihnen in der Stadt oder Region und fragen Sie, wer für Ihr Thema zuständig ist. Die Mitarbeiter werden Ihnen gerne weiterhelfen, vor allem, wenn der oder die Politikerin sich mit dem Thema öffentlichkeitswirksam präsentieren kann. Probieren Sie weitere Ansatzpunkte, um Kontaktpersonen in der Politik zu finden. Wer wohnt in Ihrer Gegend? Wer hat seinen Wahlkreis bei Ihnen?

Für jedes Thema gibt es im Rathaus, Kreistag oder Regionalparlament einen Ausschuss, der in der Regel öffentlich tagt. Fragen Sie nach den Sitzungszeiten. Gibt es öffentliche Sitzungsprotokolle? Dort werden die Anwesenden genannt.

Die Bundes- oder Landtagsabgeordneten Ihres Wahlkreises finden Sie auf der Homepage des Bundestages bzw. auf den Landtagsseiten. Ansonsten suchen Sie die Parteibüros auf und fragen Sie nach. Jeder Bundestagsabgeordnete hat zudem sein Wahlkreisbüro. Rufen Sie dort einfach an. Nennen Sie Ihr Thema und fragen Sie nach Ansprechpartnern bzw. weiteren Informationen. Wenn alles nichts nützt, können Sie auch direkt in den Parteizentralen auf Bundes- oder Landesebene anrufen. Diese sind in Berlin beziehungsweise in den Landeshauptstädten angesiedelt. Dort können Sie mit etwas Glück auch Personen finden, die an Ihrem Thema arbeiten.

Im Landtag (bei Stadtstaaten im Stadtrat) findet die politische Arbeit ebenfalls in Ausschüssen statt. Welcher Ausschuss behandelt Ihr Thema? Wenn Sie einen Sportverein repräsentieren, ist natürlich der Ausschuss für Sport Ihr wichtigster Kontakt. Den richtigen Ausschuss finden Sie am leichtesten durch einen Anruf bei Ihren Landtagsabgeordneten. Diese haben Listen, in denen die Mitglieder mit deren Parteizugehörigkeit und Anschrift verzeichnet sind.

Verwaltung

Kontaktieren Sie Menschen in der Verwaltung, die sich für Ihr Thema interessieren. Auch hier gilt: Der Griff zum Telefon ist am einfachsten. In vielen Städten und Gemeinden gibt es das sogenannte Bürgertelefon, die zentrale Anlaufstelle für alle Fragen an die Verwaltung. Hier finden Sie Ihren zuständigen Sachbearbeiter. Lassen Sie sich zur entsprechenden Abteilung durchstellen und fragen Sie (höflich!), wer für Ihr Thema zuständig ist. Dies kann zeitintensiv sein, da Sie häufig von einer Abteilung zur nächsten geschickt werden. Machen Sie deshalb deutlich, dass Sie erst einmal nur Ansprechpartner suchen. Dann ist es einfacher, in Kontakt zu kommen.

Auf Landesebene sind die zuständigen Ministerien Ihre Ansprechpartner. Jedes Ministerium ist in Abteilungen mit verschiedenen Zuständigkeiten untergliedert. Auch hier können

Sie einfach bei der Zentrale anrufen oder sich im Internet den Organisationsplan suchen.

4.5 Wie kann ich meine Ansprechpartner für mein Anliegen interessieren?

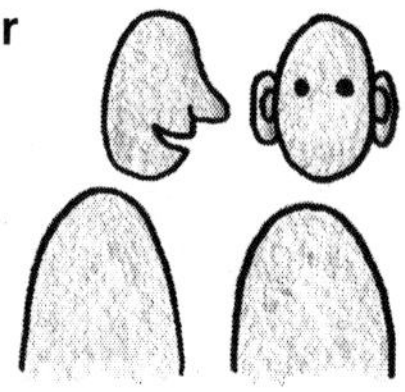

Was will mein Gegenüber?

Überlegen Sie sich vorher, was Ihr Ansprechpartner von Ihnen erwarten wird. Sie wissen, was Sie wollen. Um sich auf Ihr Gegenüber einzustellen, müssen Sie sich überlegen, was diese Person von Ihnen will oder von Ihnen brauchen kann. Gerade wenn Sie längerfristig zusammenarbeiten, müssen Sie etwas anbieten können. Ansonsten wird die Beantwortung Ihrer Anfragen immer länger dauern.

Schauen Sie sich noch mal den Absatz über die Eigeninteressen von Politkern und Verwaltung an, dann haben Sie eine Vorstellung, womit Sie Interesse wecken können. Für jeden Politiker ist es zum Beispiel wichtig, regelmäßig in der Öffentlichkeit in Erscheinung zu treten. Dabei können Sie ihm helfen. Der Beamte in der Verwaltung kann daran interessiert sein, mehr über die Sichtweise der Bevölkerung zu erfahren. Bieten Sie ihm dies an. Gut ist immer, wenn Sie Arbeitserleichterung versprechen können: weniger Bürgeranfragen, da Sie die Bürger informieren – weniger Ärger und Stress, da Sie als Puffer funktionieren, usw.

> Ein oberster Leitsatz Ihrer Arbeit lautet: Nehmen Sie den Menschen ihre Arbeit ab.

Bieten Sie Informationen an

Liefern Sie Informationen: Keiner hat heutzutage mehr Zeit, sich in ein Thema einzuarbeiten. Stellen Sie Fachwissen und die richtigen Argumente zur Verfügung. Dass diese natürlich Ihrer Ansicht entsprechen, ist bekannt und akzeptiert. Ihr Gegenüber weiß, dass auch andere Meinungen existieren. Es ist nicht Ihre Aufgabe, darauf hinzuweisen. Was Sie im Einzelnen anbieten, entscheiden Sie. Wenn Sie nur einfache Informationen erhalten wollen, müssen Sie nicht das ganze Repertoire ziehen. Das ist eine Frage der Zeitressourcen. Wenn Sie aber an einer längerfristigen Zusammenarbeit interessiert sind, sollten Sie mehr investieren.

Bauen Sie persönliche Kontakte auf

Bauen Sie sich Ihre Kontakte auf. Informieren Sie Ihren Partner über aktuelle Entwicklungen und liefern Sie kontinuierlich Informationen. Aber überfrachten Sie Ihre Gesprächspartner nicht mit unnützen Details.

Laden Sie Ihre Kontaktpersonen zu wichtigen Veranstaltungen ein. Zu der Jahreshauptversammlung mit anschließendem gemütlichem Beisammensein dürfen Sie gerne einladen. Zu einem internen Gruppentreffen, in dem die Auflage des Flugblattes diskutiert wird, lieber nicht. Denken Sie daran, dass es auch jemanden geben muss, der sich auf einer Veranstaltung um diese Person kümmert. Wenn Sie selber stark in die Organisation einer Veranstaltung eingebunden sind, werden Sie kaum Zeit für Ihren Kontakt haben.

Persönlicher Kontakt heißt auch, einen Telefonanruf einer E-Mail oder einem Brief vorzuziehen. Mit einem Gespräch kann mehr Aufmerksamkeit erzielt werden als mit einem schriftlichen Dokument. Ganz wichtig ist: Man muss sich wenigstens einmal gesehen haben, um sich ein Bild vom Gegenüber machen zu können. Trotz Internetrevolution und E-Mail funktioniert die Zusammenarbeit am besten, wenn man sich schon einmal „beschnuppern“ konnte. Bieten Sie deshalb ein erstes Treffen an. Das kann in der Kneipe um die Ecke stattfinden oder im Büro der Person, je nach Präferenz. Da ehrenamtliche Lobbyisten tagsüber ihre Brötchen verdienen müssen, bietet sich ein Treffen zum Ende des Arbeitstages an. Fragen Sie nach einem Ort oder bieten Sie einen in der Nähe an.

Einige Menschen erwarten, eingeladen zu werden. Wenn Sie eine gemeinnützige Organisation vertreten, wird jeder Verständnis haben, wenn Sie mit Spendengeldern haushalten müssen. Sprechen Sie dies vorher an, so unangenehm es zunächst sein mag.

Fallen Sie mit Professionalität auf

Jeder Politiker und Beamte mit Kontakt zur Öffentlichkeit hat eine Unmenge an Anfragen, Gesprächsterminen und sonstigen Wünschen auf dem Tisch. Sie müssen positiv auffallen, um nicht in diesem Haufen unterzugehen. Legen Sie sich deshalb ein professionelles Image zu. Ein Logo, Internetauftritt, Flyer etc. gehören dazu. Mehr finden Sie im Abschnitt „Öffentlichkeit". Nutzen Sie bei E-Mails die Möglichkeit, eine Signatur einzubauen. Bei wichtigen Anlässen kann ein Brief zusätzliches Interesse wecken (aber auf keinen Fall ein handschriftlicher). Ein übersichtliches Anschreiben mit Briefkopf wirkt professionell. Wenn dann noch das Richtige drinsteht (Eigeninteresse), wird der Brief auch beantwortet.

Strukturieren Sie Ihre Gespräche

Auch hier muss auf die Wichtigkeit eines strategischen Vorgehens hingewiesen werden. Planen Sie den Ablauf Ihrer Lobbygespräche! In der Realität wird der Plan selten eingehalten werden, aber Sie haben so eine Struktur und vergessen wichtige Punkte nicht.

Beim Erstkontakt, sei es per Telefon oder direkt, stellen Sie zuerst sich und Ihr Anliegen kurz (!) vor (siehe auch den Elevator Pitch aus dem Kapitel „Strategie"). Haben Sie dann zwei oder drei Fragen parat. Am Anfang können Sie sich einfach Ihre Fragen beantworten lassen. Details sollten Sie in weiteren Gesprächen klären. Versuchen Sie, einen langfristigen Kontakt aufzubauen. Schreiben Sie sich dafür den Namen des Mitarbeiters auf. Fragen Sie, ob er oder sie Informationen braucht oder für weitere Fragen zur Verfügung steht. Bedanken Sie sich für das Gespräch.

Wenn Sie einen Termin vereinbaren konnten, planen Sie eine Struktur für das Gespräch. Am Anfang steht eine kurze Vorstellungsrunde. Nennen Sie dann Ihre Gesprächspunkte. Ihr Gesprächspartner kann damit einschätzen, um was es geht. Sie haben so auch einen Vorteil beim Zeitmanagement. Häufig ist ein Treffen viel zu schnell vorüber und am Ende wurden wichtige Punkte nicht angesprochen. Wenn Sie merken, dass das Gespräch abschweift, können Sie Ihren Partner mit der Struktur wieder zurückholen. Versuchen Sie am Ende des Treffens, konkrete Aufgaben zu benennen. Fassen Sie das Gespräch in den wichtigsten Punkten zusammen. Stellen Sie dann die Frage: „Wie geht es weiter?“. Damit halten Sie Ihren Gesprächspartner bei der Stange. Wenn Sie während des Gesprächs merken, dass wenig Aussicht auf Erfolg besteht, bedanken Sie sich und lassen Sie sich Ihre Enttäuschung nicht anmerken. Man trifft sich immer zweimal im Leben.

Schreiben Sie sich die wichtigsten Argumente, Fragen und Gesprächspunkte auf. Es reicht, wenn fünf Punkte auf Ihrem Zettel stehen. Mehr nicht!

Haben Sie Ihre Argumente schriftlich parat

Haben Sie immer Ihre wichtigsten Argumente zur Hand, am besten schriftlich. Schreiben Sie zielgruppengerecht. Sie sollen keine wissenschaftlichen Abhandlungen, sondern kurz und knapp die wichtigsten Argumente präsentieren. Ihr Gegenüber kann sie dann eins zu eins für seine eigene Position übernehmen, ohne viel Arbeit zu investieren (Tipps zum Schreiben finden Sie im Kapitel Pressearbeit). Verschicken Sie das Papier vor jedem Gespräch an Ihre Adressaten. So weiß derjenige gleich, auf wen er sich einzustellen hat. Und Sie sparen Zeit, die für das eigentliche Gespräch genutzt werden kann – Sie müssen nicht mehr Ihre Position im Einzelnen vorstellen. Professionelle Akteure liefern auch schon fertige Gesetzestexte ab. So weit müssen Sie nicht gehen. Wenn Sie allerdings einen Juristen im Bekanntenkreis haben, können Sie natürlich mal nachfragen. Einzelne Passagen in Juristendeutsch zu formulieren erleichtert Ihrem Gegenüber die Arbeit.

> Ein Papier, welches die wichtigsten Punkte zusammenfasst, dient Ihrem Gegenüber als Erinnerungshilfe.

Argumentieren Sie mit dem Allgemeinwohl.
Denken Sie bei jedem Termin daran, dass Sie die Allgemeinheit vertreten und kein einzelnes Interesse. Bei all Ihren Argumenten sollten Sie immer das Gemeinwohl im Auge haben. Wenn Sie eine Verkehrsberuhigung für Ihre Straße fordern, warum sollte der Politiker sich für Sie einsetzen? Engagieren Sie sich aber für eine Verkehrsberuhigung Ihres Ortsteils, sieht die Sache anders aus.

Arbeiten Sie parallel in der Öffentlichkeit
Bauen Sie öffentlichen Druck auf. Ihr Thema muss in der Presse und in der Öffentlichkeit relevant sein, dann haben Sie die größten Chancen auf einen Gesprächstermin. Manchmal hat man Glück und das Thema kocht gerade hoch, aber man kann ein Thema auch aktiv in die Öffentlichkeit bringen. Versuchen Sie deshalb, in der Öffentlichkeit aktiv zu werden. Wie Sie das erreichen, erfahren Sie im Kapitel Öffentlichkeitsarbeit.

Nutzen Sie für Ihre Arbeit öffentliche Ereignisse, an die Sie Ihr Thema andocken können. Auf Straßenfesten sollten Sie präsent sein (hierfür benötigen Sie natürlich eine Gruppe). Auf Bürgerversammlungen kann man sein Thema einbringen, auf Wahlkampfveranstaltungen die richtigen Fragen stellen, usw.

Je mehr Sie in Erscheinung treten, desto eher werden Sie als Gesprächspartner wahrgenommen und geschätzt.

Bleiben Sie sachlich

Und nicht zuletzt: Bleiben Sie sachlich! Sie wollen schließlich als Ansprechpartner ernst genommen werden. Viele engagierte, aber frustrierte Bürger fangen an, Verwaltung und Politik zu beschimpfen. Häufig auch noch die falschen Personen, nämlich diejenigen, die überhaupt noch mit ihnen reden. Damit erreichen Sie nichts und glücklich macht es auch nicht. Fangen Sie erst gar nicht damit an. Passen Sie Ihre Ziele lieber an, als sich unglücklich zu machen.

Checkliste: Wie kann ich mein Gegenüber für mein Anliegen interessieren?

- Was will mein Gegenüber?
- Bieten Sie Informationen an.
- Bauen Sie persönliche Kontakte auf.
- Fallen Sie mit Professionalität auf.
- Strukturieren Sie Ihre Gespräche.
- Haben Sie Ihre Argumente schriftlich parat.
- Argumentieren Sie mit dem Allgemeinwohl.
- Arbeiten Sie parallel in der Öffentlichkeit.
- Bleiben Sie sachlich.

4.6 Wann werde ich aktiv?

Viele Gruppen finden sich erst zusammen, wenn die politische Entscheidung zu ihrem Problem ansteht. Leider ist es dann in den meisten Fällen zu spät, um noch etwas zu erreichen. Die Sachargumente wurden ausgetauscht, Lösungen miteinander verglichen und Gesetzesentwürfe formuliert. Das heißt, die Arbeiten sind schon sehr weit fortgeschritten und niemand hat Lust, noch mal von vorne anzufangen. Selbst wenn neue relevante Informationen auftauchen, gibt niemand gerne zu, dass er Fehler gemacht oder Dinge übersehen hat. Für Ihre Arbeit als Lobbyist ist es deshalb wichtig, zum richtigen Zeitpunkt zu agieren. Wann liefern Sie welche Informationen und zu welchem Zeitpunkt ist es sinnvoll, Aktivitäten zu starten? Auch hier hilft der (schematische) Ablaufplan nach dem Policy-Cycle.

> Sie müssen so früh wie möglich aktiv werden. Agieren Sie nicht erst, wenn das Problem schon überall bekannt ist und sich niemand mehr damit auseinandersetzen möchte. Nehmen Sie frühzeitig Entwicklungen wahr, analysieren Sie diese und bestimmen Sie danach Ihr Vorgehen.

In der ersten Phase

In der ersten Phase der Thematisierung ist Ihr Hauptansprechpartner die Öffentlichkeit. Sie wollen Ihr Thema bekannt machen, also müssen Sie die Bevölkerung ansprechen. In unserer heutigen Zeit des Medienüberflusses ist es kein leichtes Unterfangen, die Menschen für ein neues Thema zu begeistern. Ein Thema muss interessant genug erscheinen, um sich damit zu beschäftigen. Sie stehen in Konkurrenz zu einer Unmenge von anderen Themen und Gruppen und müssen aus dieser Masse herausragen, um wahrgenommen zu werden.

In dieser Phase können erste Kontakte zur Politik geknüpft werden. Versuchen Sie, ausgewählte Politiker für Ihr Thema zu interessieren. Jeder Politiker hat seine Spezialthemen. Finden Sie heraus, wer Ihr Ansprechpartner sein könnte. Fragen Sie bei den Parteien nach, wer Ihr Thema bearbeitet. Finden Sie Menschen in der Verwaltung, die sich für Ihr Thema interessieren.

Wichtig in dieser Phase ist, Verbündete zu finden. Sie benötigen in den folgenden Phasen Interna, die Sie über offizielle Kanäle nur schwer erhalten können. Auch können Sie Ihre Verbündeten nutzen, um die richtigen Aktionen zum richtigen Zeitpunkt zu planen. Starten Sie die Suche nach Verbündeten per Telefon. Alle anderen Formen der Kontaktaufnahme sind zu unpersönlich und dauern zu lange. Wenn Sie den ersten Telefonkontakt hergestellt haben, bieten Sie gleich Material an. Sie sollten zu diesem Zeitpunkt schon einige Grundlagen parat haben, mit denen Sie Kompetenz signalisieren und Neugier wecken können.

In der zweiten Phase

In der Phase der Politikformulierung sind Sie, wenn sich die Politik des Themas angenommen hat. Jetzt gilt es, die Weichen zu stellen, um eine Entscheidung in Ihrem Sinne zu erreichen. Wenn Sie erste Kontakte zu einzelnen Politikern geknüpft haben, können Sie sie jetzt auf Ihre Seite ziehen. Noch sind die Positionen nicht festgeklopft. Sie haben zu diesem Zeitpunkt die besten Chancen, Ihre Sichtweisen einzubringen. Arbeiten Sie mit Ihren Verbündeten zusammen. Loten Sie gemeinsam aus, was möglich ist und was nicht. Sie werden in der Regel einige Abstriche von Ihrem ursprünglichen Ziel machen müssen. Politik ist immer die Kunst des Kompromisses. Fragen Sie Ihre Kontaktpersonen, wie deren weiteres Vorgehen aussieht. Was benötigen diese? Gut ist immer die Frage: „Wo können wir Sie unterstützen?“ Fragen Sie auch, welche weiteren, wichtigen Personen an der Sache arbeiten. Allerdings werden Sie schnell an Grenzen stoßen – alle relevanten Personen zu bearbeiten ist in der Regel nicht zu schaffen. Selbst professionelle Lobbyisten konzentrieren ihre Arbeit auf einige Personen.

Wenn Sie Ihre Verbündeten überzeugt haben, sollten Sie versuchen, die andere Seite von Ihren Ansichten zu überzeugen. Dies wird viel Zeit und Nerven kosten. Was können Sie realistischerweise erreichen? Wer ist wirklich wichtig für meine Arbeit? Wer besitzt die Meinungsführerschaft in dieser Sache? Seien Sie offen für Ihre Gegner. Auch wenn Ihr Ansprechpartner eine andere Position vertritt, können Sie ihn immer noch auf Ihre Seite ziehen. Vermeiden Sie in dieser Phase den offenen Konflikt. Noch ist Zeit, mit Sachargumenten und guter Lobbyarbeit Gegner von Ihrer Sache zu überzeugen. Überprüfen Sie im Vorfeld die Machtverhältnisse. Wenn Ihre Verbündeten hoffnungslos in der Unterzahl sind, ist es wichtig, seine Taktik an die Verhältnisse anzupassen.

Dies ist auch die richtige Zeit, sich Verbündete in den verschiedenen Verwaltungen zu suchen. Denken Sie daran, die Verwaltungen beraten die Politiker und liefern Hintergrundinformationen. Zumeist arbeiten sie jetzt schon an den Gesetzesentwürfen. Versuchen Sie, Ihre Ansichten und Vorschläge in diesen Prozess einzubauen. Versuchen Sie, den Stand der Diskussionen in den Abteilungen herauszufinden. Dann können Sie zielgerichtet einzelne Argumente in den Prozess einfließen lassen. Auch hier funktioniert die Lobbyarbeit wieder nur über persönliche Kontakte. Alles andere würde zu lange dauern.

> Viele vergessen in dieser Phase die Verwaltung und konzentrieren sich auf die Politiker. Dabei kann eine einzelne, engagierte Person jetzt den Ausschlag geben.

Nicht zuletzt ist auch der Druck der Öffentlichkeit notwendig. Hiermit können Sie die Entscheider in Ihrem Sinne beeinflussen. Nutzen Sie das ganze Repertoire: Veranstaltungen, öffentliche Aktionen, Presseartikel etc. Laden Sie Politiker und Fachvertreter aus der Verwaltung zu öffentlichen Veranstaltungen ein. Sie werden gerne kommen. Nutzen Sie die Presse, um Ihre Ansichten zu verbreiten. Öffentliche Aktionen erreichen breite Schichten der Bevölkerung. Das bedeutet viel Aufwand und eine hohe Arbeitsbelastung. Aber lassen Sie sich nicht beirren. Sie müssen nicht alles auf einmal machen. Tipps und Tricks finden Sie in den nächsten Kapiteln.

In der dritten Phase

Jetzt steht die Entscheidung an. Der Gesetzgebungsprozess beginnt. Die direkte Einflussnahme auf den Entscheidungsprozess ist nicht einfach. Es gilt, Unterstützung für den eigenen Vorschlag bzw. gegen einen anderen zu organisieren. In dieser Phase werden die Gesetzesvorschläge in den zuständigen Gremien und Ausschüssen diskutiert. Dabei haben sich die Beteiligten in der Regel schon für eine Seite entschieden. Diese Meinung wieder umzudrehen ist nur selten von Erfolg gekrönt. Wichtiger ist jetzt, die Ausgestaltung der einzelnen Regeln zu beeinflussen.

Ihre wichtigsten Ansprechpartner sind in der Politik. Finden Sie heraus, wie das Verfahren der Gesetzgebung/Abstimmung aussieht. Je nach Bundesland und Thematik kann es von einer einfachen Abstimmung bis zu mehreren Ausschusssitzungen und Wahlgängen laufen. Fragen Sie einfach Ihre Verbündeten, wie das weitere Prozedere aussieht. Dann wissen Sie auch, wann es sich lohnt, aktiv zu werden.

Haben Sie konkrete Angebote bereit. Sie müssen nicht unbedingt vorformulierte Paragrafen zur Hand haben (wenn Sie einen Juristen in Ihrer Gruppe haben, ist es natürlich von Vorteil), aber Sie sollten einzelne Punkte so aufbereitet haben, dass Sie sie schnell in den Gesetzgebungsprozess einbringen können. Nur selten werden Sie Ihre Maximalforderungen durchsetzen können. Haben Sie sich vorher aber eine gute Strategie zurechtgelegt, können Sie jetzt mit Kompromissvorschlägen einige Ihrer Unterziele einbringen. Ab wann ein Erfolg zu verzeichnen ist, hängt von Ihren Zielen ab.

Schätzen Sie die Erfolgsaussichten einer Einflussnahme realistisch ein. Wenn Sie erkennen, dass Sie mit Ihrem Anliegen nicht durchkommen, müssen Sie auch nicht mehr Arbeit investieren. Dann gibt es Wichtigeres zu tun.

Es kann auch sinnvoll sein, in dieser Phase noch mal die Öffentlichkeit zu mobilisieren. Wenn die Richtung der Entscheidung noch nicht sichtbar ist und einige Ihrer Forderungen noch erfolgversprechend sind, können Sie damit den notwendigen Druck an der richtigen Stelle erzeugen. In dieser Phase müssen die Politiker Farbe bekennen. Sehen sie sich der öffentlichen Meinung gegenüber, ist es nicht so einfach, eine gegenteilige Position durchzuhalten.

Von Seiten der Verwaltung ist wenig zu sehen. Die wichtigsten Arbeiten wurden in der letzten Phase erledigt. Ist das Thema sehr umstritten, kann es passieren, dass die Verwaltung wieder aktiv wird und neue überarbeitete Vorschläge vorlegen muss. Dann befinden Sie sich wieder in der Phase Politikformulierung und sollten Ihre Lobbyarbeit anpassen.

In der vierten Phase

Das Gesetz ist beschlossen, die Umsetzung steht an. Der Umsetzungsakt wird in der Regel von der Verwaltung übernommen. In dieser Phase ist der Einfluss externer Lobbygruppen gering. Das Gesetz jetzt noch zu verhindern ist unmöglich. In der Regel kann das nur über die Gerichte erreicht werden. Dies ist allerdings zeitaufwendig und mit Kosten verbunden. Sie brauchen einen Rechtsanwalt, der sich mit der Materie auskennt. In vielen Fällen führt der Gang vor Gericht zu einer Niederlage und einer Menge schlechter Presse für die Kläger. Machen Sie von der Möglichkeit einer Klage nur in Ausnahmefällen Gebrauch und wirklich nur dann, wenn offensichtlich geltendes Recht verletzt wurde.

Ihre Lobbyarbeit beschränkt sich jetzt auf die Überwachung der Umsetzung. Wird das Gesetz, die Verordnung etc. so umgesetzt, wie es ursprünglich beschlossen wurde? Nutzen Sie Ihre Kontakte in die Verwaltung. Gibt es Neuigkeiten? Wie sehen die Arbeiten aus? Wenn wirklich etwas faul sein sollte, weisen Sie Ihre Politiker darauf hin. Diese können dann Druck ausüben. Wenn ein Gesetz zu langsam oder gar nicht umgesetzt wird, schalten Sie die Presse ein. Diese ist immer auf der Suche nach einem Skandal. Aber agieren Sie nicht zu früh. Einmal wird der Journalist nachforschen, zweimal sicherlich nicht.

In der fünften Phase

Zumeist ist öffentliche Kritik der Auslöser für eine Neubewertung des Gesetzes. Die Politik und die Verwaltung sind in der Regel nicht daran interessiert, die ganze Sache noch mal von vorne aufzurollen. Der Anstoß kann auch von anderen Seiten kommen, zum Beispiel, wenn festgestellt wird, dass die Regelung nicht ausreicht. Wenn das Gesetz beschlossen wurde und einer kritischen Überprüfung nicht standhält, können Sie wieder aktiv werden. Lassen Sie dem Gesetzgeber Zeit, das Gesetz einzuführen. Vorschnelles Handeln wirkt unglaubwürdig.

Für Ihre Arbeit ist in dieser Phase die Öffentlichkeit der Hauptansprechpartner. Erst mit genug Druck von dieser Seite kann der Prozess wieder von vorne beginnen. Ziel Ihrer Arbeit sollte sein, in der Öffentlichkeit die Funktion des Gesetzes zu diskutieren. Diese Diskussion wird am leichtesten über die Presse zu erreichen sein. (Nutzen Sie die Tipps und Tricks, die Sie im Kapitel Pressearbeit finden.)

Suchen Sie nach Verbündeten in Politik und Verwaltung. Sie können von dieser Seite interessante Hinweise erwarten. Aber halten Sie Ihre Quellen geheim. Niemand steht gerne als Nestbeschmutzer da. Wenn Sie es geschafft haben, in der Öffentlichkeit eine Diskussion über das Thema anzuzetteln, beginnen Sie wieder mit Phase eins.

Häufig sieht die praktische Arbeit so aus, dass mit der Kritik an einer bestehenden Regelung begonnen wird. Es gibt kaum noch Problembereiche, für die keine Regelung existiert. Lassen Sie sich davon nicht beirren. Wie oben dargestellt, handelt es sich bei dem Phasenmodell um ein stark vereinfachtes Schema. Die Übergänge zwischen den Phasen sind fließend.

CHECKLISTE: Wann wie aktiv werden?

Das Thema wird in der Öffentlichkeit diskutiert:

- Bringen Sie Ihre Position in die öffentliche Meinung ein. Nutzen Sie die Presse. Suchen Sie Verbündete in Politik und Verwaltung, die Sie mit Informationen versorgen können.

Die Politik hat sich des Themas angenommen:

- Ziehen Sie Politik und Verwaltung auf Ihre Seite. Promoten Sie Ihre Argumente und Informationen. Überprüfen Sie die Machtverhältnisse. Versuchen Sie, Ihre Gegner zu überzeugen. Bauen Sie über die Öffentlichkeit Druck auf.

Eine Lösungsmöglichkeit, ein Gesetz, wird diskutiert:

- Schauen Sie sich den Weg der Gesetzgebung an. Wann müssen Sie wo Einfluss ausüben? Welche Punkte sind noch umstritten? Versuchen Sie, die Öffentlichkeit mit diesen Punkten zu mobilisieren. Schätzen Sie Ihre Erfolgsaussichten realistisch ein.

Das Gesetz ist beschlossen:

- Gehen Sie nur dann vor Gericht, wenn es wirklich Aussicht auf Erfolg hat. Überwachen Sie die Umsetzung, nutzen Sie Ihre Kontakte in die Verwaltung. Gibt es Probleme mit dem Gesetz?

Das Gesetz funktioniert nicht:

- Diskutieren Sie in der Öffentlichkeit das Gesetz. Bauen Sie so Druck auf die Politik auf. Fangen Sie wieder mit Phase eins an.

4.7 Zehn Regeln für das direkte (Lobby-)Gespräch

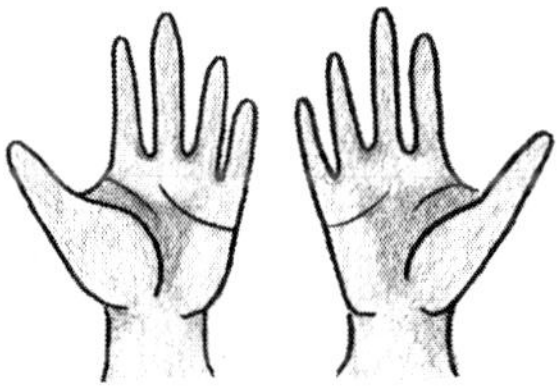

Wen auch immer Sie „bearbeiten“, einige Grundregeln sollten Sie beherzigen. Denken Sie daran, dass Sie es mit anderen Menschen zu tun haben. Beherzigen Sie die alte Regel: „Was du nicht willst, dass man dir tu, das füg auch keinem anderen zu“. Behandeln Sie Ihr Gegenüber mit Respekt. Sie werden ihn dann auch erhalten. Es wird Augenblicke geben, in denen Sie im wahrsten Sinne des Wortes gegen Wände rennen. Atmen Sie tief durch und lassen Sie Ihre Wut nicht an Personen aus (oder wenigstens an den richtigen).

1. Ich interessiere mich für meinen Kooperationspartner

Seien Sie neugierig auf die Person, die Ihnen gegenübersitzt. Denken Sie daran, es ist auch nur ein Mensch mit all seinen Fehlern und Schwächen. Und genau wie Sie hat diese Person das Bedürfnis, als Mensch wahrgenommen zu werden und nicht als Subjekt Ihrer Lobbyarbeit. Finden Sie ein gesundes Mittelmaß zwischen menschlichen und fachlichen Anliegen. Gehen Sie erst mal davon aus, dass Ihr Gegenüber ein möglicher Kooperationspartner ist, kein Gegner. Finden Sie gemeinsam Wege, wie Ihre Sache vorangetrieben werden kann. Es ist wichtig, Ihren Ansprechpartner in eine Lösung mit einzubeziehen. Versuchen Sie, deutlich zu machen, wo eventuelle Vorteile für diese Person liegen könnten. Das ist keine Anstiftung zu einem Bestechungsversuch. Vielmehr sollen Sie das Eigeninteresse der Person oder Institution im Blick behalten.

2. Ich weiß genau, was ich will

Vor jedem Kontakt muss Ihnen klar sein, was Sie erreichen wollen. In unserem Beispiel aus der Strategieplanung war es die Einführung einer Tempo-30-Zone. Wenn Sie nur allgemein eine Geschwindigkeitsbegrenzung fordern, kann Ihr Gegenüber wenig damit anfangen. Ein konkretes Ziel ist greifbarer. Dieses

Ziel muss für Ihren Gesprächspartner realistisch sein, also erreichbar. Der Aufwand soll sich schließlich lohnen. Wenn Sie ganz am Anfang Ihrer Arbeit sind, kann das Ziel auch das Treffen an sich sein. Kündigen Sie Ihre Gespräche als Kennenlern- oder Informationstreffen an. Ihr Gegenüber weiß dann, worum es geht. Sie sollten aber wenigsten eine Idee zum Thema mitbringen. Suchen Sie dann gemeinsam Wege, Ihr Ziel zu erreichen.

Überlegen Sie sich vorher, was Sie in jedem Gespräch erreichen wollen. „Welche Punkte sollen angesprochen werden?" „Was will ich von meinem Gegenüber?" „Was kann ich, realistisch betrachtet, erreichen?" Die Zeit, die Sie in diese Vorüberlegungen investieren, ist sehr wichtig. Ein nettes Gespräch ist zwar schön, aber Sie erreichen damit nichts.

3. Ich versuche zu überzeugen

Überlegen Sie, mit wem Sie lieber sprechen würden: mit jemandem, der Sie mit der Moralkeule erschlagen will, oder mit jemandem, der Sie zu überzeugen versucht? An moralische Werte können Sie sicherlich appellieren, weit kommen Sie damit aber nicht. Zum einen wird automatisch ein Verteidigungsreflex ausgelöst, denn niemand will als schlechter Mensch dastehen. Zum anderen, und so traurig das auch ist, halten moralische Werte unter Sachzwängen nicht lange. Versuchen Sie, Ihren Partner deshalb mit Sachargumenten zu überzeugen. Gute Argumente müssen erst einmal widerlegt werden.

Bleiben Sie fair. Dass Sie Ihren Gesprächspartner nicht beschimpfen sollen, ist klar. Gegen einen sachlichen Disput und den Austausch von Argumenten hat hingegen niemand etwas einzuwenden. Hüten Sie sich davor, andere schlechtzumachen. Zum einen macht man das nicht, zum anderen wissen Sie nicht, wie Ihr Gegenüber zu dieser Person oder Institution steht. Dass Sie niemanden versuchen zu bestechen, versteht sich von selbst.

4. Mein Partner steckt mindestens in ähnlich vielen Zwängen wie ich

Genau wie Sie steckt Ihr Gegenüber in Sachzwängen, die er oder sie nicht kontrollieren kann. Das können Vorgesetzte sein, andere Gruppen, Abstimmungsprobleme und was es sonst noch alles gibt. Auf diese Sachzwänge haben weder Sie noch Ihr Gegenüber Einfluss. Suchen Sie gemeinsam nach alternativen Wegen, diese Sachzwänge zu umgehen. Sie können als Außenstehender neue Sichtweisen einbringen und die richtigen Anstöße geben. Häufig ist es für Personen, die nicht in einem System stecken, sondern es von außen betrachten, viel einfacher, neue Wege zu entdecken. Überzeugen Sie Ihr Gegenüber, dass sich der Aufwand für ihn lohnt. Das kann weniger Arbeit sein oder Unterstützung für andere Anliegen, die Wiederwahl, das gute Gewissen und so weiter. Versuchen Sie, Argumente mitzubringen, warum es sich für Ihren Gesprächspartner lohnt, Zeit und Arbeit in Ihr Thema zu investieren.

Seien Sie nicht enttäuscht, wenn Sie Ablehnung erfahren oder Ihre (vermeintlich) guten Ideen nicht anerkannt werden. Die meisten Menschen sehen zuerst die Steine, die im Weg liegen, und nicht den Weg an sich. Machen Sie die Vorteile deutlich, die Ihr Weg mit sich bringt.

5. Mein Partner hat mindestens genauso wenig Zeit wie ich

Verschwenden Sie nicht Ihre Zeit und die Ihres Gegenübers. Es ist ärgerlich, wenn man Zeit und Ressourcen in ein Treffen investiert und dann wird nur oberflächig geredet. Auch Ihr Gegenüber hat bestimmt Besseres zu tun, als sich mit Ihnen zu treffen. Schätzungsweise sind von zehn Treffen höchstens die Hälfte wirklich sinnvoll. Versuchen Sie deshalb, gleich am Anfang dem Treffen eine Struktur zu geben. Fragen Sie, wie lange es dauern soll. Machen Sie deutlich, worum es geht, und bleiben Sie bei der Sache. Viele Menschen schweifen vom Thema ab. Bedenken Sie, dass Ihre Chancen für das nächste Mal sinken, wenn Sie nichts Konkretes anzubieten haben. Niemand freut sich auf ein Wiedersehen, wenn das vorherige Treffen zu nichts führte.

6. Ich arbeite kooperativ

Eine kooperative Haltung zahlt sich fast immer aus. Suchen Sie mit Ihrem Gegenüber Gemeinsamkeiten. Wo besteht Übereinkunft über Ziele oder Werte? So können Sie auch schnell erfahren, ob Ihr Gesprächspartner Ihrer Sache positiv gegenübersteht. Wenn das Gegenteil der Fall sein sollte, bleiben Sie freundlich. Ihr Gegenüber darf eine andere Meinung als Sie vertreten. Suchen Sie trotzdem weiter nach Gemeinsamkeiten. Eventuell finden Sie Punkte, in denen Sie überzeugen können. Seien Sie auch offen für die Position Ihres Gesprächspartners. Sie haben damit die Gelegenheit, einen tieferen Einblick in die Denkstrukturen und Argumentationsmuster Ihrer Gegner zu bekommen. Diese Erfahrung können Sie für Ihre Arbeit nutzen.

> Jemanden zu bekämpfen ist anstrengend, zeit- und kraftraubend. Vor allem, wenn der oder die andere am längeren Hebel sitzt. Beschimpfen hilft niemandem.

7. Ich arbeite langfristig

Schnelle Erfolge sind bei der Lobbyarbeit nicht zu erwarten. Wie auch politische Entscheidungen braucht die Lobbyarbeit einen langen Atem. Für Ihre Arbeit bedeutet dies, dass Sie zu den relevanten Personen eine Beziehung aufbauen müssen. Diese muss nicht auf der persönlichen Ebene funktionieren (wenn doch, umso besser). Sie müssen sich aber als kompetenter Ansprechpartner präsentieren, mit dem man gerne ein zweites Gespräch führen möchte. Versuchen Sie, nicht alles beim ersten Treffen zu erreichen. „Gut Ding will Weile haben." Überlegen Sie vorher, was bei diesem Treffen wirklich wichtig ist und was besser später besprochen werden kann. Überprüfen Sie vorher die Möglichkeit der mittel- und langfristigen Einflussnahme auf politische Entscheidungen. Dafür haben Sie Ihre Strategie entwickelt.

8. Ich arbeite nicht alleine

Arbeiten Sie nicht im luftleeren Raum. Suchen Sie sich Verbündete innerhalb und außerhalb des Entscheidungsprozesses. Wie oben schon beschrieben, ist die Lobbyarbeit eine vielschichtige Angelegenheit. Sie können unmöglich überall aktiv sein. Deshalb brauchen Sie Verbündete in Politik und Verwaltung, aber auch Externe, die Sie in Ihrem Thema unterstützen. Setzen Sie sich gerade am Anfang das Ziel, Gesprächspartner zu finden, die Ihrer Sache nahestehen. Mit diesen können Sie dann das weitere Vorgehen klären. Die wertvollsten Hilfen werden Sie von „Insidern" erhalten, also von Menschen, die sich nicht nur in der Thematik, sondern auch im Entscheidungsprozess auskennen. Nutzen Sie die Kenntnisse dieser Menschen. Sie müssen nicht alles wissen und sofort parat haben. In vielen Fällen reicht es, wenn man weiß, an wen man sich bei Fragen wenden muss. Wichtig ist die Zusammenarbeit mit anderen auch, damit Sie ein Feedback erhalten. Sonst schwimmen Sie schnell im eigenen Saft.

9. Ich vertrete meine Organisation

Wer steht hinter meinem Anliegen? Eine einzelne Person, eine Bürgerinitiative, eine Organisation? Es macht für die Lobbyarbeit selbstverständlich einen Unterschied, ob ich eine Kleingruppe repräsentiere oder einen signifikanten Anteil der Bevölkerung bzw. Wählerschaft. Hat Ihr Gesprächspartner schon von Ihnen gehört? Weiß er über Sie und Ihre Arbeit Bescheid? Bedenken Sie, dass Sie eine Gruppe von drei Bürgern repräsentieren können oder von hundert. Ihr Gesprächspartner weiß das in der Regel nicht. Klären Sie ihn auf. Am besten gleich am Anfang jedes Treffens. Halten Sie dazu schriftliche Informationen (Visitenkarte, Flyer) bereit.

Zeigen Sie, dass Sie professionell agieren können. Verhalten Sie sich in Gesprächen immer, als seien Sie der Repräsentant einer größeren Organisation. Dann wird Ihr Thema ernst genommen.

10. Ich agiere auf mehreren Ebenen

Ihre wichtigsten Ansprechpartner sind die Entscheider in Politik und Verwaltung. Für Sie bedeutet das, dass Sie beide Ebenen in Ihre Arbeit einbeziehen. Auf der politischen Ebenen sollten alle Parteien eingebunden werden. Selbst wenn diese nicht Ihre Sichtweise vertreten. Auch in den Verwaltungen macht es sich bezahlt, möglichst viele Referate/Abteilungen einzubeziehen. Natürlich nicht alle, dafür wurden in der Analysephase die wichtigsten Akteure ermittelt. Seien Sie offen für Überraschungen, manchmal stehen Menschen Ihrem Anliegen positiv gegenüber, selbst wenn es der Richtung der Partei oder der Verwaltung widerspricht.

Keine Panik

Diese Regeln sollten Sie für Ihre Lobbyarbeit beherzigen. Wenn Sie ein konkretes Ziel vor Augen haben, diese Regeln einhalten und authentisch bleiben, steht einem positiven Verlauf nichts im Wege. Und glücklicherweise müssen Sie nicht alles sofort machen. Lobbyarbeit ist ein langfristiger Prozess. Und wenn der Erfolg sich einstellt, hat sich der Aufwand gelohnt.

Zehn Regeln für das direkte (Lobby-)Gespräch

- Ich nehme mein Gegenüber als Menschen war.
- Mir ist bewusst, was ich erreichen will.
- Ich überzeuge mit meinen Argumenten.
- Ich weiß, dass mein Gegenüber nicht alles kann.
- Zeit ist ein kostbares Gut.
- Ich versuche eine gemeinsame Position zu finden.
- Kurzfristige Erfolge sind selten.
- Ich versuche, Verbündete zu finden.
- Ich vertrete meine Organisation.
- Ich arbeite auf mehreren Ebenen.

5. Lobbyarbeit – die Menschen erreichen

Will man als Lobbyist die Entscheider erreichen, muss man parallel die Menschen vor Ort überzeugen. Erst mit deren Unterstützung kann eine gute Idee umgesetzt werden.

BEISPIEL: Der Sportverein hatte ein Problem. Es fehlte an Nachwuchs. Im Vorstand wurde beschlossen, mehr Werbung für den Verein zu machen. Es wurde ein Flyer erstellt, die Website modernisiert und ein Sommerfest wurde geplant. Die Ergebnisse waren ernüchternd. Der Flyer wurde nicht genutzt, auf dem Fest waren nur die aktiven Mitglieder vertreten, neue Mitglieder konnten in dem Jahr nicht gewonnen werden.

Um die Menschen mit seinem Thema zu erreichen, muss man in der Öffentlichkeit in Erscheinung treten. Deshalb spricht man von Öffentlichkeitsarbeit. Wikipedia sagt dazu: „Öffentlichkeitsarbeit, synonym Public Relations, kurz PR, ist ein weit gefasster Begriff für das Management der öffentlichen Kommunikation von Organisationen gegenüber ihren externen und internen Teilöffentlichkeiten bzw. Anspruchsgruppen." Ein Konzern muss viel Aufwand betreiben, um gute Öffentlichkeitsarbeit zu machen. Für Sie als Lobbyist reicht es, mit Strategie Ihr Thema zu „vermarkten". Doch so einfach ist es dann doch wieder nicht. Denn es geht nicht nur darum, sein Thema bekannt zu machen, sondern die Menschen von einer Idee zu überzeugen. Dies kostet Zeit und Kraft. Es gibt aber eine Reihe von Argumenten, warum sich der Aufwand lohnt:

Bekannt werden: Um im öffentlichen Raum etwas zu erreichen, müssen die Menschen von Ihnen gehört haben. Ihre Arbeit und Ihre Aufgaben müssen in der Öffentlichkeit (und bei den Entscheidern) so weit bekannt sein, dass es sich lohnt, Zeit und Arbeit in Ihre Gruppe zu investieren. Öffentlichkeitsarbeit hilft Ihnen, sich nach außen darzustellen.

Ihre Bedeutung und Ihren Nutzen darstellen: Nur bekannt zu sein wird in der Regel nicht reichen, um etwas zu bewegen. Sie müssen den Menschen klarmachen, welche Bedeutung Ihr Thema hat. Wenn Sie auf Helgoland leben und einen Verein zur Rettung der Insel gründen, brauchen Sie wahrscheinlich auf der Insel wenig Werbung für Ihr Anliegen machen. Wenn Sie allerdings auch Menschen auf dem Festland erreichen wollen, sieht die Sache schon anders aus. Hier müssen Sie genau erklären, worin die Bedeutung und der Nutzen der Insel liegt. Leben Sie nicht auf dieser schönen Insel und haben Sie kein so populäres Thema für Ihre Umgebung, müssen Sie sich etwas einfallen lassen. Sie konkurrieren mit anderen Initiativen, Unternehmen, Vereinen etc. um die Aufmerksamkeit (und um das Geld) der Menschen.

Ein positives Image erreichen: Das beste und wichtigste Thema nützt nichts, wenn Sie bei den Menschen einen schlechten Ruf haben. Denken Sie an Firmen oder Unternehmen, die es geschafft haben, ein positives Image zu erlangen, und wie schnell es gehen kann, dass eine Firma oder eine Person den guten Ruf verliert. Wären Sie bereit, Zeit und Geld in einen Verein zu investieren, wenn Sie nur Schlechtes über den Verein hören? Es muss Ihr oberstes Anliegen sein, in der Öffentlichkeit einen tadellosen Ruf zu erlangen. „Einen guten Ruf hat man nicht, den muss man sich erarbeiten."

Ihre Anliegen und Ziele wirksam kommunizieren: Dies hört sich leichter an, als es ist. Sie wissen in der Regel, worum es geht und was verändert werden soll. Dieses Wissen Ihren Freunden mitzuteilen ist schon schwierig genug. Die breite Öffentlichkeit hingegen zu erreichen, ist noch viel komplizierter.

Exkurs: Der Unterschied zwischen Werbung und Öffentlichkeitsarbeit

Ein guter Lobbyist verkauft nicht nur ein Produkt. Vielmehr schafft er ein Image, mit dem er sich und seinen Verband als wichtigen Gesprächspartner positioniert. Ein ganzer Berufszweig lebt davon, die Dienstleistung „Öffentlichkeitsarbeit" zu verkaufen. Gemeint sind die Public-Relations (PR)-Agenturen. Nicht zu verwechseln mit einer Werbeagentur, auch wenn für den Laien der Übergang häufig fließend ist. Werbung versucht, ein Produkt zu verkaufen. PR versucht, einem Produkt, einer Firma oder einem Verband ein positives Image zu verleihen. Im Fokus steht demzufolge das Unternehmen bzw. der Verband als Ganzes und nicht nur ein Produkt. Ein Beispiel: Benzin zu verkaufen ist relativ einfach. Hier kann eine Werbeagentur mit (angeblich) verbesserten Eigenschaften schnell ein neues Produkt kreieren. Einer Ölfirma ein positives Image zu verpassen ist hingegen sehr schwierig.

5.1 Wer sind „die Menschen"?

Wenn Gruppen Aktionen planen, ist vielfach zu hören: „Wir wollen damit die Menschen erreichen". Nur, wer sind die Menschen? Viele Vereine machen den Fehler, mit ihren Aktivitäten möglichst „alle Menschen" erreichen zu wollen. Dies ist unmöglich. Machen Sie nicht den gleichen Fehler. Sie werden es nie schaffen, alle von Ihrem Thema zu überzeugen. Viele gute Projekte scheiterten, weil nicht klar war, wer und was mit der ganzen Arbeit erreicht werden sollte. Machen Sie sich deshalb vorab klar, dass es die eine Öffentlichkeit nicht gibt, sondern eine Fülle von unterschiedlich definierten Öffentlichkeiten. Fangen Sie nicht an, sich in diese Literatur einzuarbeiten. Zum einen können nur professionell arbeitende Menschen die nötige Zeit aufbringen, zum anderen finden Sie zu jeder Meinung mindestens zehn Gegenmeinungen. Ein wenig Orientierung bietet die Einteilung in fünf Öffentlichkeiten:

Die allgemeine Öffentlichkeit: Laut Duden wird diese „als Gesamtheit gesehener Bereich von Menschen, in dem etwas allgemein bekannt [geworden] und allen zugänglich ist", definiert. Kurzum, alle Menschen, die Sie mit Ihrer Öffentlichkeitsarbeit erreichen können.

Die Kernöffentlichkeit: Unter diesen Begriff fallen alle Menschen, die irgendwie mit Ihrer Sache zu tun haben. Seien es

Spender, Freunde des Vereines, Betroffene, Sympathisanten, Angehörige, Patienten, Anwohner etc.

Die Medienöffentlichkeit: Die Medienöffentlichkeit ist die Zielgruppe, die Sie brauchen, um Ihren Verein und Ihre Arbeit bekannt zu machen. Medien werden auch als Vermittlungsorganisationen beschrieben. Ihre Zielgruppe sind dementsprechend Medienschaffende, Journalisten und Redakteure.

Die Fachöffentlichkeit: Wie der Name schon sagt, handelt es sich hier um die Öffentlichkeit, die das für Ihren Bereich wichtige Fachwissen besitzt. Das sind zum Beispiel Fachleute aus Unternehmen, Experten aus Universitäten, Landesinstitutionen etc.

Die interne Öffentlichkeit: Auch Ihr Verband ist ein Teil Ihrer Öffentlichkeit. Leider wird häufig vergessen, dass der eigene Verband und die eigenen Mitarbeiter informiert und an Entscheidungen beteiligt werden müssen.

Die allgemeine Öffentlichkeit ist, wie oben beschrieben, kaum zu erreichen. Zum Teilbereich Medienöffentlichkeit finden Sie im folgenden Kapitel gesonderte Beschreibungen und Maßnahmen. Die Fachöffentlichkeit können Sie für Ihre Arbeit vor Ort oder in der Region vernachlässigen. Zum einen, weil Sie ein Experte auf Ihrem Gebiet sein müssen, um gute Lobbyarbeit betreiben zu können, zum anderen, weil Sie Ihr Thema zwar fachlich unterfüttern, wahrscheinlich aber kein neues Wissen kreieren werden. Für die interne Öffentlichkeit müsste ein zusätzliches Buch geschrieben werden. Konzentrieren Sie sich bei Ihrer Lobbyarbeit auf Ihre Kernöffentlichkeit. Diese erreichen Sie auch am leichtesten.

> Ihre Kernöffentlichkeit ist die Seele des Verbandes. Hier finden Sie am ehesten Unterstützer und Förderer. Die Ansprache kann direkt erfolgen, über Ziele und Aufgaben Ihrer Gruppe ist diese Teilöffentlichkeit gut informiert. Die Kernöffentlichkeit muss regelmäßig Nachrichten von Ihnen erhalten.

5.2 Analyse

Zuerst sollten Sie Ihr Ziel definieren und einen groben Überblick über Ihre bisherigen Aktivitäten erarbeiten. Damit haben Sie schon mal Ihren Rahmen gesetzt. Auf dieser Basis können Sie dann im nächsten Schritt in die Details gehen. Verwenden Sie folgende Fragen zur Grobplanung:

Was wollen wir mit unserer Öffentlichkeitsarbeit erreichen?

Ihr „Produkt" kann sowohl Ihr Verband an sich als auch Ihr Thema sein. Beide Möglichkeiten haben ihre eigene Zielsetzung. Stehen Sie noch ganz am Anfang Ihrer Arbeiten, kann man zunächst sich und die Gruppe in der Öffentlichkeit bekannt machen. Das ist insbesondere dann nötig, wenn Sie viele Unterstützer brauchen oder noch nicht einschätzen können, inwieweit Ihr Thema in der Öffentlichkeit angenommen wird. Wollen Sie hingegen Ihr Thema platzieren, können Sie die Zieldefinition aus dem zweiten Kapitel verwenden. Sie haben in der Strategieentwicklung schon Ihr Ziel auf den Punkt gebracht. Eventuell müssten Sie es lediglich umformulieren. Beide Ziele, den Verband in der Öffentlichkeit zu präsentieren oder das Thema, können auch parallel angegangen werden. In einigen Fällen wird dies Sinn machen. Denken Sie jedoch daran, beide Ziele getrennt zu halten.

Welche Mittel und Wege sind uns vertraut? Was haben wir in der Richtung schon gemacht?

Mit dieser Frage prüfen Sie Ihre Erfahrungen und Ihr Wissen. Für sich selber ist die Beantwortung relativ einfach. Wenn Sie diese Frage mit Ihrer Gruppe besprechen, wird es sicherlich Personen geben, die bereits einzelne Maßnahmen umgesetzt haben und so ihre Erfahrungen einbringen können. Im Idealfall haben Sie damit bereits Menschen gefunden, die einzelne Bereiche übernehmen können. Wenn Sie als Verband schon aktiv waren, können Sie mit dieser Frage Ihre bisherigen Arbeiten überprüfen: Welche Maßnahmen waren erfolgreich und wie gelang die Umsetzung?

Was haben wir zur Verfügung? Finanzen, Personen, Materialien etc.

Damit prüfen Sie, welche Ressourcen Sie bereitstellen können oder wollen. Zeit ist immer begrenzt, Personal und Geld sowieso. Es wird immer mehr Wünsche geben, als umsetzbar sind. Sich hierüber einen Überblick zu verschaffen, hilft, bereits im Vorfeld einen realistischen Blick zu behalten. Vor allem, wenn Sie die Öffentlichkeitsarbeit mit Ihrer Gruppe planen, werden viele zahlreiche Maßnahmen vorschlagen. Die Begeisterung ist groß und auch die Enttäuschung, wenn die eigene (vermeintlich) tolle Idee nicht umgesetzt wird. Versuchen Sie, in dieser ersten Phase einen realistischen Blick zu behalten. Dies macht die spätere Arbeit einfacher.

BEISPIEL: Der Kitaverein plant seine Öffentlichkeitsarbeit immer im Januar. Das größte Problem der Kita waren im letzten Jahr die Anwohner, die sich über die Lärmbelästigung beschwert hatten. Diese Anwohner sollten über den Sommer gezielt angesprochen werden. Die Kinder gestalteten bunte Flyer, die an die Anwohner verteilt wurden, und im lokalen Anzeigenblatt konnte eine Serie über die Arbeit in der Kita platziert werden. Auf dem jährlichen Straßenfest der Gegend gab es Aufführungen der Kinder. Die Zahl der Beschwerden nahm rapide ab.

5.3 Strategie erarbeiten

Jetzt können Sie mit der eigentlichen Planung beginnen. Konzentrieren Sie sich dabei wieder auf Ihr eigentliches Ziel. Haben Sie mehrere Ziele, führen Sie die folgenden Schritte für jedes Ziel einzeln durch. Wenn Sie diesen Prozess in Ihrer Initiative durchführen, können Sie auch die

Gruppe teilen, sodass jede Teilgruppe einen anderen Aspekt oder ein anderes Ziel bearbeitet. Am Ende werden die Ergebnisse dann zusammengebracht.

Wen wollen wir mit unserer Öffentlichkeitsarbeit erreichen?
Wer sind unsere Zielgruppen? Was wissen wir von diesen Menschen, ihren Gewohnheiten, Ansichten, ihrer Sprache etc.? Je genauer Sie Ihre Zielgruppen definieren, desto leichter lassen sich Ideen zur Ansprache entwickeln. Machen Sie sich eine Liste, wer alles mit Ihrem Thema, Ihrem Verein zu tun hat, und definieren Sie diese als Ihre Kernöffentlichkeit. Nutzen Sie dafür die Kreismethode aus dem vorherigen Kapitel. Wichtig ist der Begriff Kernöffentlichkeit auch, um nochmals darauf hinzuweisen, dass Sie es nur sehr selten schaffen, „die" Öffentlichkeit zu erreichen.

BEISPIEL: Wenn Sie neue Mitglieder für Ihren Fußballverein finden wollen, werden die örtlichen Handballer nur wenig Interesse bekunden. Grenzen Sie Ihre Zielgruppe aber ein, zum Beispiel Hobbykicker, können Sie Ihre Öffentlichkeitsarbeit darauf ausrichten. Zum Beispiel, indem Sie ein Schnupperangebot kreieren, ein Fußballturnier für Freizeitsportler etc. Wichtig ist, dass Sie vorher entscheiden, wen Sie mit Ihrer Arbeit erreichen wollen.

Sie können diese Zielgruppe in der strategischen Arbeit nochmals unterteilen und Prioritäten setzen: Haben Sie beispielsweise genug Mitglieder, brauchen jedoch Spenden, dann ist dies Ihr Ziel. Wenn Sie eine vernünftige Zieldefinition gemacht haben, wissen Sie genau, wer Sie sind und was Sie wollen. Hieraus lässt sich in aller Regel sehr einfach die Kernöffentlichkeit herausarbeiten. Wenn sich hier Probleme auftun, prüfen Sie Ihr Ziel erneut. Eventuell müssen Sie noch konkreter werden.

Warum wollen wir gerade diese Menschen erreichen?
Was ist so wichtig daran, ihnen unsere Vorstellungen und Sichtweisen zu vermitteln? Wie können diese Menschen uns unterstützen? Die Frage nach dem Warum wird leider viel zu selten gestellt. Dieser Schritt dient dazu, die Zielgruppen zu präzisieren und gegebenenfalls unwichtige Personen auszusortieren. Im Endeffekt geht es um Arbeitserleichterung. Im ersten Schritt haben Sie wahrscheinlich viele Personen aufgeführt, die für Ihre Arbeit wichtig sein könnten. Alle können Sie aber unmöglich ansprechen. Schauen Sie sich deshalb jetzt die Personen oder Zielgruppen genauer an. Prüfen Sie, ob Sie diese Gruppen wirklich alle erreichen müssen und welchen Nutzen ein Personenkreis in Ihr Thema einbringen kann.

BEISPIEL: Bei einer Kampagne zum Thema Fahrradfahren müssen Sie nicht diejenigen ansprechen, die sowieso schon Rad fahren. Viel wichtiger ist es, Menschen zu erreichen, die nicht oder nur wenig Fahrrad fahren. Gelegenheitsradfahrer können Sie beispielsweise relativ einfach ansprechen und für eine höhere Nutzung dieses Verkehrsmittels interessieren.

Wie wollen wir diese Zielgruppe erreichen?
Was ist eine angemessene Ansprache? Wie sollen unsere Maßnahmen die Zielgruppe ansprechen? Wollen wir eher provozieren oder eine sachliche Ansprache verwenden? Überlegen Sie sich eine Strategie für die Ansprache der Zielgruppen. Prüfen Sie zuerst die aktuelle Situation. Ist das Thema noch wenig diskutiert worden und Entscheidungen sind noch nicht gefallen? Dann bietet sich eher eine kooperative Strategie an, um das Thema positiv zu besetzen und Lösungen aufzuzeigen. Steht das Thema schon länger in der Diskussion und die Fronten sind verhärtet, sodass neutrale, sachorientierte Lösungen nicht mehr zu erwarten sind? Dann kann es sinnvoll sein, Druck aufzubauen, Menschen zu mobilisieren und die Entscheider vor sich her zu treiben. Die Umstände geben die Ansprache der jeweiligen Zielgruppen vor.

BEISPIEL: Auf einer Anwohnerversammlung wurde über die Rodung des nahe gelegenen Waldgebietes zugunsten eines Unternehmensneubaus diskutiert. Die Initiative, die sich für den Erhalt des Waldes aussprach, unterstellte dem Bürgermeister, eigene Interessen zu verfolgen. Gleichzeitig wurde dem Unternehmer ein Grundstück in relativer Nähe empfohlen, welches sogar über einen besseren Autobahnanschluss verfügte. Mit dieser Doppelstrategie (Druck und Kooperation) konnte das Bündnis zwischen dem Unternehmer und dem Bürgermeister aufgebrochen werden.

Es ist möglich, zwischen den verschiedenen Ansprachestilen zu wechseln: mal eher konfrontativ, dann wieder lösungsorientiert. Wann welche Ansprache sinnvoll ist, muss je nach Situation entschieden werden. Hüten Sie sich vor Übertreibungen oder Wut. Man kann sich schnell Wege verbauen. Wen man einmal in der Öffentlichkeit beschimpft hat, der bleibt einem als Feind ein Leben lang erhalten.

Welchen Nutzen können wir der Zielgruppe anbieten?

Warum sollte diese Zielgruppe sich mit uns beschäftigen? Was können wir anbieten, um sie für unser Thema zu interessieren? Überlegen Sie, wir Sie Ihre Zielgruppen erreichen können und wie das Thema vermittelt werden muss. In diesem vierten Schritt sind noch nicht die Methoden der Ansprache gemeint (Veranstaltungen, Aktionen etc.), sondern nur das Wie. Jede Zielgruppe muss anders angesprochen werden. Einen Bürgermeister werden Sie mit Argumenten erreichen, die die ganze Stadt (Wählerschaft!) betreffen. Die Anwohner an einer Straße erreichen Sie eher mit Vorteilen, die diese direkt betreffen.

Für Ihren Auftritt in der Öffentlichkeit benötigen Sie knackige Forderungen bzw. Argumente. Stellen Sie Ihre Kernforderungen mit den wichtigsten Argumenten für jede Zielgruppe zusammen. Diese tragen Sie dann bei jedem Auftritt vor („Was wir wollen, ist …“). Passen Sie die Argumente an die jeweilige Zielgruppe an. Tragen Sie immer die gleichen Forderungen vor, denn Wiederholungen bleiben im Gedächtnis haften. Für Sie mag es langweilig erscheinen, aber denken Sie daran, dass die Mehrheit Ihrer Zuhörer Ihren Standpunkt nicht kennt. Sinnvoll ist auch, die Kernforderungen mit den verschiedenen Begründungen in einem kurzen Papier festzuhalten. Sie haben dann eine Grundlage für die interne und externe Kommunikation.

BEISPIEL: Auf der Auftaktveranstaltung der Initiative „Lärmschutz für die ganze Stadt" übernahm der Vorsitzende das Begrüßungswort. Drei Kernforderungen wurden in der Rede vorgestellt: Lärm muss in der ganzen Stadt bekämpft werden, die Stadt soll als lebendiger Ort erhalten werden und es muss einen Kompromiss zwischen den Interessen der Anwohner und den Verkehrsteilnehmern geben. Diese allgemeinen Forderungen wurden von allen Zuhörern geteilt. Am Ende der Veranstaltung konnten viele neue Mitstreiter gewonnen werden.

Wo lässt sich diese Zielgruppe erreichen?

Ist es leichter, die Menschen in der Innenstadt beim Einkaufen zu erreichen, oder ist ein Stadtteilfest sinnvoller? Mit dem Wo ist der Ort gemeint, an dem die Zielgruppe angesprochen werden kann. Dabei kann der Ort ein Platz in der Stadt sein, aber auch eine Zeitung, die viel gelesen wird. Anwohner einer Straße erreicht man am einfachsten vor Ort, also da, wo sie leben. Passende Maßnahmen sind dann Infostände oder Veranstaltungen in der Straße. Die Bevölkerung einer ganzen Stadt erreicht man eher über Zeitungsartikel oder einen Infostand auf dem jährlichen Stadtfest. Je nach Zielgruppe kann man mit verschiedenen Methoden an unterschiedlichen Stellen aktiv werden. Sie haben jedoch nicht unbegrenzte Ressourcen zur Verfügung. Eine gezielte Ansprache an den Orten, wo Sie Ihre Zielgruppe am einfachsten erreichen, bringt viel mehr als eine breite Streuung aller möglichen Aktivitäten.

BEISPIEL: Eine Initiative zum Bau eines Biotops hatte als eine Kernzielgruppe die Anwohner des angrenzenden Neubaugebietes definiert. Diese sollten vor Ort erreicht werden. Es wurden Karten erstellt und verteilt, die das Gebiet und die Tierarten zeigten. Da im Neubaugebiet viele Kinder lebten, wurde das Biotop auch als Abenteuerspielplatz angepriesen, wo die Kinder Erfahrungen über die Natur sammeln können. Mit der nahen Kita wurde ein naturpädagogisches Konzept für das Biotop entwickelt und den Eltern vorgestellt. Im Rahmen eines Stadtteilfestes wurden diese Informationen präsentiert. Es gab großen Zuspruch zum Biotop.

Wie können wir die anderen Zielgruppen mit bedienen?

Können wir mit einer Aktion mehrere Zielgruppen erreichen? Wie schaffen wir es, verschiedene Zielgruppen unter einen Hut zu bekommen? An dieser Stelle habe Sie bereits für verschiedene Zielgruppen unterschiedliche Ansprachemöglichkeiten erarbeitet. Prüfen Sie nun, ob Sie diese gemeinsam erreichen können. Planen Sie eine Ansprache der Zielgruppe „A“, gibt es sicherlich Möglichkeiten, gleichzeitig auch „B“ und „C“ zu erreichen. Zwar mit anderen Maßnahmen, aber diese können Sie möglicherweise unter einen Hut bekommen.

BEISPIEL: Auf dem Weihnachtsmarkt hat die Initiative gegen die Umgehungsstraße einen Stand aufgebaut. Jede Person, die sich für die Materialien interessierte, wurde nach ihrem Wohnsitz gefragt. Diejenigen, die in der Stadt wohnten, erhielten Informationen über die Nachteile einer Umgehungsstraße für das Stadtleben. Diejenigen, die von außerhalb kamen, bekamen einen Flyer über die hohen Kosten und den geringen Nutzen des Projekts sowie Alternativvorschläge, wie eine bessere Stadtanbindung an das Umland erreicht werden kann. Beide Zielgruppen konnten so gemeinsam angesprochen werden.

Was soll am Ende stehen?

Welche Reaktionen wollen wir von unserer Zielgruppe erhalten? Wann ist ein Erfolg erreicht? Dieser Punkt ist zwar der letzte, aber sicherlich auch der schwierigste bei der Planung der Öffentlichkeitsarbeit. Konkrete Ergebnisse sind selten. Man kann schwer sagen, ob ein Erfolg oder Misserfolg an dieser oder jener Maßnahme gelegen hat. Trotzdem sollte man sich nicht die Möglichkeit entgehen lassen, an dieser Stelle über mögliche Reaktionen und Erfolge seiner Öffentlichkeitsstrategie nachzudenken. Zum einen kann man damit ein positives Bild seiner Konzepte heraufbeschwören, zum anderen noch mal überprüfen, ob man die richtige Ansprache geplant hat. Auch kann es helfen, einen Zeitpunkt für das Ende einer Maßnahme zu definieren.

BEISPIEL: Die Initiative zum Bau eines Spielplatzes im Stadtteil definierte als eine wichtige Zielgruppe die Anwohner. Diejenigen, die Kinder haben, sollten über das Projekt informiert werden, Anwohner ohne Kinder über eine mögliche, wenn auch geringe, Lärmbelästigung. In der Umgebung des Spielplatzes lebten ungefähr 1 200 Menschen. Als Ziel wurde formuliert, dass die Infophase beendet sein soll, wenn 20 Prozent der Menschen direkt erreicht wurden und positives Feedback gaben. Auf insgesamt drei Veranstaltungen waren über 400 Leute anwesend, die in der Mehrzahl das Projekt unterstützten. Das Ziel konnte erreicht werden. Ab dann wurden konkrete Vorschläge für den Bau entwickelt.

So einfach die Beantwortung dieser Fragen auch klingen mag, nehmen Sie sich die Zeit, die Fragen zu stellen. Sie legen damit das Fundament, bevor Sie im weiteren Prozess anfangen, konkrete Maßnahmen umzusetzen. Wahrscheinlich werden Sie an dieser Stelle bereits eine Reihe von Ideen und Aktionen entwickelt haben. Wenn Sie diesen Prozess in einer Gruppe machen, können Sie mit folgenden Fragen die Diskussion strukturieren. Am Anfang mag es langsam vorangehen, aber nach etwas

Übung werden Sie feststellen, dass jeder Teilnehmer darauf achtet, diese Fragen beantworten zu können. Eine bewährte Strategie ist, die Fragen auf ein großen Stück Papier an die Wand zu schreiben und wenn möglich hängen zu lassen.

Checkliste: Planung der Öffentlichkeitsarbeit

- Wen wollen wir erreichen?
- Warum wollen wir gerade diese Menschen erreichen?
- Wie wollen wir diese Zielgruppe erreichen?
- Welchen Nutzen können wir anbieten?
- Wo lässt sich diese Zielgruppe erreichen?
- Wie können wir die anderen Zielgruppen mit bedienen?
- Was soll am Ende stehen?

Am Ende dieses Prozesses werden Sie verschiedene Zielgruppen für Ihre Öffentlichkeitsarbeit erarbeitet und eine Richtung festgelegt haben, wie Sie diese ansprechen können. Bevor Sie konkrete Maßnahmen umsetzen, müssen Sie Ihren Auftritt in der Öffentlichkeit strukturieren.

5.4 Den richtigen Auftritt schaffen

Wie Sie bestimmt aus eigener Erfahrung wissen, ist der richtige Auftritt entscheidet. Der erste Eindruck zählt. Nehmen Sie sich diese Weisheit zu Herzen. Sie und Ihr Verein müssen sich angemessen präsentieren. Ihr Auftritt muss zum Anlass und zur Zielgruppe passen. Einen Kindergarten können Sie nach innen mit Kinderbildern und kindgerechter Sprache präsentieren. Nach außen, gegenüber Geldgebern oder potenziellen Kunden, müssen Sie mehr Wert auf fachliche Kompetenz legen.

Ebenfalls müssen Sie für einen Wiedererkennungswert Ihres Auftritts sorgen. Jeder muss bei Ihren Auftritten in der Öffentlichkeit sofort erkennen, mit wem er es zu tun hat. Menschen sind Gewohnheitstiere. Wir greifen lieber auf etwas zurück, was uns schon bekannt ist, als dass wir neue Wege ausprobieren. Für Ihre Arbeit bedeutet dies, dass Ihr Auftritt aus einem „Guss" bestehen muss. Bei jeder öffentlichen Erscheinung Ihres Vereins müssen die gleichen Bilder sichtbar sein.

Das Logo

Auf jedem Schriftstück, das Sie nach außen (und innen) verteilen, muss Ihr Logo erscheinen. Jeder sieht so sofort, vom wem diese Mitteilung stammt, und nach innen stärkt dies das Zusammengehörigkeitsgefühl. Zudem sieht es professioneller aus. Oder kennen Sie eine Firma, die kein Logo verwendet? Das Logo sollte möglichst einfach gestaltet sein und Bezug zu Ihrem Thema haben. Denken Sie daran, dass es auch in einem kleinen Format oder in Schwarzweiß erkennbar bleiben muss.

Das Logo können Sie in Ihrer Gruppe selber entwerfen oder einer professionellen Agentur überlassen. Letzteres wird normalerweise Kosten verursachen. Vielleicht schaffen Sie es, eine Agentur zu einer Spende zu überreden. Wenn Sie das Logo selber gestalten, versuchen Sie, professionellen Rat zu bekommen. Jemand mit Erfahrung und einem Auge für grafische Gestaltung wird wertvolle Tipps liefern. Ansonsten einfach Google (oder besser die Suchmaschine Ecosia) nutzen. Die grundlegenden Gestaltungsmöglichkeiten findet man dort.

> Mit der Gestaltung des Logos können Sie gleichzeitig einen Diskussionsprozess um die Ziele und Aufgaben Ihres Vereins einleiten.

Papier

Auch wenn es sich in unserer heutigen Zeit merkwürdig anhört: Ab und an ist ein Brief einer E-Mail vorzuziehen, denn dieser besitzt eine andere Wertigkeit und wird anders wahrgenommen (auch wenn Mailen die gängige Kommunikationsform geworden ist).

Gestalten Sie eine Vorlage und nutzen Sie diese für all Ihre Schreiben. Wenn Sie die nötigen Mittel zur Verfügung haben, lassen Sie sich Briefpapier mit Ihrem Logo und der Anschrift gestalten und drucken. Das ist heutzutage nicht mehr teuer und macht einen professionellen Eindruck. Die günstigere Möglichkeit ist, den Vordruck zu Hause selber vorzubereiten. Wenn Sie sich für einen Kopf (Name und Adresse) und ein Logo entschieden haben, können Sie eine kleinere Anzahl selber farbig herstellen.

Wenn vorhanden, nutzen Sie besonderes Papier, aber versuchen Sie nicht, mit farbigem Papier aus dem Copy-Shop Eindruck zu schinden. Das ist weder originell noch besonders gut lesbar. Verwenden Sie stets den gleichen Schrifttyp. In der Regel werden Briefe in Times New Roman oder Calibri geschrieben. Beides sind Voreinstellungen jedes Textverarbeitungsprogramms. Wenn Sie professionelle Hilfe haben, können Sie sich auch für eine besondere Schriftart entscheiden. Nehmen Sie aber nicht einfach eine Schrift, weil Sie Ihnen so gut gefällt. Viele Schriften sind für Texte nicht geeignet.

Broschüren und Flyer gestalten

Broschüren und Flyer brauchen Sie für Ihre Selbstdarstellung. Bei jedem Außentermin sollten Sie Infomaterialien über Ihren Verein zur Hand haben. Ein Flyer ist ein kurzes knappes Papier zu einem besonderen Thema. Das kann ihr Verein sein, die Beschreibung eines Problems etc. Es soll eher Interesse wecken als umfassend informieren. Der Leser soll ihn schnell überfliegen können. Eine Broschüre gestalten Sie, wenn Sie umfangreichere (Hintergrund-)Informationen liefern möchten. Diese müssen Sie nicht an alle verteilen, sondern können sie sparsam an Interessierte weitergeben und damit Kosten sparen.

- Flyer: Kurze Darstellung „Wer Sie sind, was Sie wollen, was Sie planen" plus Kontaktadresse
- Broschüre: Darstellung des Problems, Lösungsvorschläge, Hintergrundinformationen plus Kontaktadresse

Diese Unterscheidung zwischen Flyer und Broschüre ist deshalb so wichtig, da immer wieder der Fehler gemacht wird, zu viel Text auf ein zu kleines Blatt quetschen zu wollen. Hüten Sie sich davor. Überlegen Sie vorab, was sie mit dem Papier erreichen möchten. Wollen Sie neue Leute ansprechen, auf sich aufmerksam machen etc., reicht ein Flyer. Dieser liefert eine kurze Beschreibung Ihrer Aktivitäten. Wollen Sie interessierte Menschen über Hintergründe aufklären, ist eine Broschüre das Richtige.

Reicht eventuell auch eine Visitenkarte? Um auf sich aufmerksam zu machen, ist dies die billigste Möglichkeit. Eine Ihrer Kernforderungen und Ihre Kontaktadresse (am besten mit der Möglichkeit, sich weitere Informationen über das Internet zu holen) reichen völlig aus, um Interesse zu wecken. Visitenkarten sind sehr günstig.

Auch bei Flyern und Broschüren gilt, dass Sie ein einheitliches Design verwenden müssen. Jeder muss sofort erkennen, dass es sich um eine Veröffentlichung Ihres Vereins handelt. Das Logo, die Schrift, die farbliche Gestaltung sollte immer gleich sein (das sogenannte Corporate Design). Stellen Sie sich vor, Ihre Materialien liegen auf einer Veranstaltung aus. Es sieht einfach besser aus, wenn alle eine ähnliche Struktur aufweisen. Suchen Sie dafür professionelle Unterstützung. Flyer und Broschüren müssen ansprechend gestaltet sein. Mit einfachen Hausmitteln gelingt dies in der Regel nicht. Zudem sind die Druckkosten in den letzten Jahren rapide gefallen, sodass für einen Flyer keine großen Mittel mehr nötig sind.

Die einfachste Möglichkeit, einen Flyer zu gestalten, finden Sie bei Ihrem örtlichen Pizzalieferdienst. Ein DIN-A4-Papier wird quer wie einen Brief dreimal gefaltet. Damit haben Sie einen einfachen Auftritt, den sich jeder in die Jackentasche stecken kann. Es gibt eine Vielzahl möglicher Layouts. Alle vorzustellen würde das Buch sprengen. Am einfachsten ist es, Sie vergleichen verschiedene Flyer und suchen sich ein Layout aus, das Ihnen gefällt. Dieses geben Sie dann als Beispiel an den Grafiker oder die Grafikerin.

Legen Sie Gestaltungsrichtlinien schriftlich fest. Welche Schrift, welche Bilder sollen verwendet werden? Wo gehört das Logo hin? Solche Hinweise helfen, ein einheitliches Erscheinungsbild zu gewährleisten.

Für den Flyer und die Broschüre gilt: Schreiben Sie nur das Nötigste. Nutzen sie das KISS-Prinzip „Keep it short and simple". In den letzten Jahren hat die Lesebereitschaft erheblich abgenommen. Anspruchsvolle Texte werden kaum noch gelesen. Es reicht völlig, wenn Sie sich auf das Wesentliche beschränken. Als Regel gilt, so wenig Text wie möglich. Weiterführende Informationen und Hintergründe können Sie im Internet zur Verfügung stellen (siehe weiter unten).

Nutzen Sie Überschriften und Absätze, um den Text zu gliedern. Die Schrift sollte nicht zu klein sein. Damit vermeiden

Sie zu viel Text und erleichtern anderen (insbesondere älteren) Menschen das Lesen. In den letzten 50 Jahren ist die Schriftgröße in Zeitungen weltweit um 25 Prozent größer geworden. Grundlagen, um Texte lesbar zu gestalten, finden Sie im Absatz „Pressearbeit".

Geben Sie immer eine Kontaktadresse an. „Woher bekomme ich mehr Informationen?" – Wie kann ich mich engagieren?" Hier ist die direkte Ansprache des Lesers sinnvoll.

Verwenden Sie Eyecatcher. Das können Bilder, große Überschriften, Slogans, Grafiken etc. sein. Die Eyecatcher sollen Aufmerksamkeit erregen. Werbeplakate an Straßen nutzen dieses Prinzip. Finden Sie eine Form, die Ihre Zielgruppe anspricht.

Vereinszeitung und Newsletter erstellen

Vereinszeitungen, Newsletter etc. sind für die interne Kommunikation gedacht, wirken aber auch nach außen. Da auch Nichtmitglieder diese über Freunde und Bekannte bekommen (oder direkt einbezogen werden), habe Sie mit diesem Instrument die Möglichkeit, einen breiteren Personenkreis zu erreichen. Sie kommen nicht umhin, sich diese Arbeit zu machen. Wichtig ist, dass Sie regelmäßig über Ihre Arbeit berichten. Mitarbeiter wollen an Entscheidungen beteiligt oder wenigstens darüber informiert werden. Mitglieder wollen angesprochen werden. Spender wollen was „in der Hand halten" für ihr Geld. Externe nutzen diese Quellen, um mehr über Sie oder Ihren Verband zu erfahren.

Regelmäßig sollte ein Newsletter erscheinen. Dieser liefert Informationen über Ihre Aktivitäten. Sie können ihn per E-Mail verschickten, eine gedruckte Version ist in der Regel nicht nötig. Es gibt inzwischen kostenlose Programme, die eine schöne Aufmachung liefern. Wichtig ist, dass der Newsletter für Ihre Zielgruppe interessant ist. Eine bloße Aufstellung der Termine wird niemand mehr als einmal lesen. Bieten Sie eine Zusammenfassung Ihrer Aktivitäten und einen Ausblick auf die nächsten Monate. Was passiert wo? Geben Sie Orte und Termine der nächsten Versammlungen an. Platzieren Sie Angebote zum Mitmachen. Begrüßen Sie neue Mitglieder, zeigen Sie Ihre Erfolge etc. Vergessen Sie nicht, eine Kontaktadresse anzugeben und wo gegebenenfalls weitere Informationen zu finden sind.

Einmal im Jahr sollte ein Jahresbericht erstellt werden. Hierin beschreiben Sie, was im letzten Jahr alles passiert ist: Finanzen, Mitgliederzahl, Aktivitäten, Erfolge (!) und Ausblick ins nächste Jahr. In der Regel reicht es, wenn dieser ebenfalls online verschickt wird. Wenn Sie genug finanzielle Mittel zur Verfügung haben, dürfen Sie auch gerne Druckexemplare versenden. Unterschätzen Sie aber nicht den Aufwand, der damit verbunden ist. Die Gestaltungsrichtlinien für die externe Kommunikation gelten auch für Ihre Kommunikation nach innen: „Keep it short and simple". Das Wichtigste muss auf den ersten Blick erkennbar sein. Schauen Sie sich einfach eine Vereinszeitung in Ihrer Umgebung an und kopieren Sie den Aufbau. Vermeiden Sie zu viel Text.

Wenn Sie in einer Gruppe arbeiten, versenden Sie nach jedem Treffen ein kurzes Ergebnisprotokoll. Sie erreichen damit eine Kontrolle der Beschlüsse. Außerdem werden Verantwortlichkeiten festgelegt und sind somit für jeden sichtbar (wichtig!). Und nicht zuletzt gibt es auch den Personen, die nicht anwesend waren, die Möglichkeit, sich auf dem Laufenden zu halten.

Im Internet auftreten

Der eigene Internetauftritt ist Pflicht. Konzentrieren Sie sich auf die wesentlichen Inhalte. In vielen Fällen reichen die Inhalte Ihres Flyers, Hintergrundinformationen zum Weiterlesen, aktuelle Veranstaltungsankündigung und Fotos Ihrer Aktivitäten. Vermeiden Sie folgende Anfängerfehler:

– Zu viel Text, zu wenig Bilder. Die Seite wird damit unattraktiv. Informationen kann man auch als Download anbieten.
– Viele Internetseiten sind sehr bunt und damit schlecht zu lesen. Glücklicherweise sind farbige Hintergründe und bunte Schriften aus der Mode gekommen.

- Auch gibt es viele Seiten, die mit Funktionen überladen sind. Nutzen Sie nicht alle Gimmicks, die Ihnen ein Programm zur Verfügung stellt. Wer sich erst in einem blinkenden Etwas zurechtfinden muss, hat schnell keine Lust mehr zu suchen.
- Als Faustregel gilt: Innerhalb von drei Klicks muss die gesuchte Information auf einer Seite gefunden sein.
- Viele Menschen schauen sich Ihre Seiten auf dem Smartphone an. Denken Sie bei der Gestaltung der Seite daran, wie wenig Platz so ein Bildschirm hat.

Eine eigene Internetseite zu kreieren ist nur was für Fachleute. Zwar gibt es sehr gute Programme, die auch Anfängern einfache Seiten möglich machen (z.B. Wordpress). Doch für einen wirklich guten Auftritt ist das meist zu wenig und der Teufel steckt im Detail. Wenn Sie kein Interesse daran haben, sich in diese Programme einzuarbeiten, lassen Sie es lieber gleich bleiben. Schauen Sie sich in Ihrem Bekanntenkreis um. Normalerweise findet sich immer jemand, der über die nötige Kompetenz verfügt.

BEISPIEL: Ein Sozialverein bot in Kooperation mit der örtlichen Volkshochschule Computer- und Internetkurse für Vereinsmitglieder an. Diese Kurse wurden gerne genutzt und waren ein durchschlagender Erfolg. Die Pflege und Betreuung des Internetauftritts übernahmen Kursteilnehmer, die Spaß an dem Gelernten gefunden hatten. Zudem wurde diese Möglichkeit über Freunde und Bekannte weitergetragen, sodass der Verein neue Mitglieder gewinnen konnte.

Sie können natürlich auch professionelle Hilfe in Anspruch nehmen. Ein einfacher Internetauftritt ist nicht mehr teuer. Kleinere Agenturen haben häufig günstige Angebote. Legen Sie genau fest, was Sie möchten und welche Funktionen die Seite besitzen muss. In der Regel werden Stundensätze berechnet. Wenn immer neue Funktionen hinzukommen, kann es schnell teuer werden. Wie Ihr Internetauftritt aussehen soll, bleibt Ihnen überlassen. Schauen Sie sich ähnliche Seiten an und übernehmen Sie die Dinge, die Ihnen gefallen. Kreieren Sie eine Seite, die Ihrem Profil entspricht. Ein Kindergarten braucht sicher keine technisch perfekte Seite als Aushängeschild. Eine Werbeagentur hingegen schon.

CHECKLISTE: Was muss eine Internetseite bieten?

- Eine Selbstdarstellung des Vereins mit Zielen und Forderungen
- Die wichtigsten Ansprechpartner mit Bild
- Kontaktadresse des Vereins (bei Gemeinnützigkeit Spendenkonto)
- Termine wichtiger Ereignisse und Treffen
- Konkrete Angebote zum Mitmachen
- Kontaktadressen
- Die wichtigsten Daten und Fakten zum Herunterladen
- Eventuell weiterführende Links

Wenn Sie E-Mails verschicken, ist es sinnvoll, diese von einem eigenen Account mit der Endung Ihrer Internetseite zu versenden. prenzel@foerderverein-OHG.de wirkt seriöser als eine E-Mail-Adresse wie BrightSunshine185@ … de. Nutzen Sie auch die Möglichkeit, in Ihrer Signatur Ihre Kontaktdaten und direkte Links auf Ihre Seite einzubauen. Nicht verkehrt ist es auch, Aktionen anzukündigen oder das Bild eines Flyers mit direkter Verlinkung einzufügen. Viele E-Mailprogramme sperren zwar automatisch den Download von Bildern, aber einige Nutzer werden das Angebot wahrnehmen.

5.5 Aufmerksamkeit erregen

Sie haben nun alle Voraussetzungen erfüllt, um in der Öffentlichkeit in Erscheinung zu treten. Jetzt müssen Sie nur noch aktiv werden. Dies ist nicht so schwer, wie es auf den ersten Blick aussieht.

Grundlegende Überlegungen

Ob einem seitens der Öffentlichkeit Aufmerksamkeit geschenkt wird, hängt unter anderem ab von folgenden Dingen:

- *Der Bedeutung des Themas:* Die Verkehrspolitik der Bundesrepublik ist nur für wenige Menschen interessant. Der Neubau einer Umgehungsstraße ist jedoch für viele Menschen in der Region ein Thema.
- *Dem Zeitpunkt:* Wenn die Straße erst in fünf Jahren gebaut werden soll, ist nur wenig Aufmerksamkeit zu erreichen. Anders sieht es aus, wenn die Planungen bekannt gegeben werden. Dann ist Aufmerksamkeit garantiert.
- *Der Prominenz der Personen oder der Organisation:* Wenn der Bürgermeister auf einer Veranstaltung erscheint, wird das mehr Leute anziehen, als wenn nur der Vorsitzende des Vereins eine Rede hält.
- *Der Originalität oder dem Unterhaltungswert eines Ereignisses:* Der berühmte Sack Reis, der in China umfällt, wird sicherlich wenig beachtet. Fällt der gleiche Sack Reis jedoch im eigenen Ort um, ist drei Meter groß und macht Werbung für den Weltladen, sieht die Sache anders aus.
- *Und nicht zuletzt der Öffentlichkeitsarbeit, die investiert wird:* Auch die langweiligste Nachricht kann mit guter Öffentlichkeitsarbeit Verbreitung finden. Peppen Sie Ihre Nach-

richt mit einem originellen Ereignis, einer interessanten Person etc. auf.

Wenn Sie Aufmerksamkeit erregen wollen, können diese Punkte einen ersten Anhaltspunkt für die Konzeption konkreter Maßnahmen liefern.

Maßnahmen planen

Mit den Fragen aus dem Abschnitt „Strategie erarbeiten" haben Sie das Fundament für Ihre Öffentlichkeitsarbeit gelegt. Sicherlich wurden in diesem Prozess eine Reihe von Maßnahmen bereits angedacht. Jetzt können Sie mit dem gleichen System die einzelnen Maßnahmen planen. Das Vorgehen ist das gleiche: „Wen wollen wir erreichen?", „Warum wollen wir diese Menschen erreichen?", Wie wollen wir sie erreichen?", „Was können wir bieten?", „Wo lässt sich die Zielgruppe ansprechen?", „Welche anderen Zielgruppen erreichen wir?", „Was soll am Ende stehen?". Gehen Sie den Ablauf Schritt für Schritt durch.

BEISPIEL: Eine Behindertenwerkstatt plant ihre Öffentlichkeitsarbeit im Halbjahresrhythmus in einer internen Abendveranstaltung. Anhand des Fragenkatalogs werden Ziele für die nächsten sechs Monate definiert. Im Raum steht die Planung einer öffentlichkeitswirksamen Aktion. Auf die Frage „Wen wollen wir erreichen?" beschließt die Gruppe, dass die Anwohner rund um die Einrichtung in diesem Halbjahr die Zielgruppe darstellen soll. Der Hintergrund ist, dass einige sich über den Lärm beschwert haben. Die Frage „Was wollen wir erreichen?" ist damit auch schnell geklärt, nämlich mehr Toleranz der Anwohner. Danach wird diskutiert, wie diese Menschen erreicht werden können.

Die Mittel zur Erreichung der Zielgruppen sind beschränkt. Weder verfügt die Einrichtung über einen Etat für Maßnahmen noch sind externe Gelder verfügbar. Positiv ist, dass viele ehrenamtliche Helfer zur Verfügung stehen, die einbezogen werden können (welche Ressourcen stehen zur Verfügung?). Es wird entschieden, dass ein Hausfest die beste Möglichkeit ist, die Anwohner zu erreichen. Die Kosten sind relativ gering und die Masse an ehrenamtlichen Helfern macht diese Aktionsform sinnvoll. Das Wo der Aktion ist damit auch schnell geklärt. Die Frage, welchen Nutzen die Zielgruppe von einem Besuch hat, führt zu einer Fülle von Anregungen. Es wird beschlossen, einen im Ort ansässigen Fernsehmoderator einzuladen, um Anwohnern Prominentenkontakt zu ermöglichen. Gleichzeitig soll eine Diskussionsveranstaltung mit verschiedenen Politikern die allgemeine Lärmbelastung im Ort thematisieren. Weitere Aktionstools sind Angebote für Kinder, eine Tombola mit Preisen, gestiftet von örtlichen Unternehmern, eine Musikgruppe und einiges mehr. Die Diskussion dieser Punkte dauerte eine knappe halbe Stunde.

Diese Fragen sollten Sie für jede öffentlichkeitswirksame Aktion nutzen, bevor Sie sie starten. Leider sieht in der Realität der Weg häufig genau andersherum aus. Jemand kommt mit einer guten Idee und die soll umgesetzt werden. Jetzt ist Fingerspitzengefühl gefragt. Die obigen Zielgruppenfragen müssen beantwortet werden, auch wenn es passieren kann, dass die gute Idee sich als wenig zielführend erweist. Sie müssen schon im Vorfeld deutlich machen, dass die Beantwortung dieser Fragen kein bloßer Zeitvertreib, sondern für das Gelingen einer Aktion extrem wichtig ist.

Hingucker

Für Veranstaltungen oder sonstige öffentliche Auftritte brauchen Sie ein Transparent oder Ähnliches mit dem Namen Ihres Vereins. Dies dient der internen Identifikation und als Eyecatcher. Sie müssen bedenken, dass viele Ihren Verein nicht kennen. Ein Bild bleibt im Gedächtnis haften. Ein sogenanntes Roll-up gibt es schon für unter 50 Euro. Notfalls kann man auch einfach selber ein Transparent malen.

Arbeitshilfe: Transparent erstellen

Hängen Sie Stoff (Baumwolle oder Plastik) an die Wand. Wenn Sie einen Beamer haben, können Sie das Bild oder die Schrift direkt an die Wand werfen. Dann die Umrisse ausfüllen und ausmalen. Sie können Ihre Bilder auch vergrößert über den Computer ausdrucken. Die Vorlagen dann direkt unter den Stoff legen und abpausen.

Statt eines Transparents dürfen Sie natürlich auch kreativ werden. Warum nicht eine Figur oder einen Gegenstand aus Pappmaché entwerfen? Je größer, desto besser, aber denken Sie an Transportmöglichkeiten.

Gestalten Sie T-Shirts, mit denen Sie und Ihre Mitstreiter auf Veranstaltungen rumlaufen können. Sprechen Sie dies vorher mit Ihrer Gruppe ab. Manche Menschen fühlen sich in einer Art „Uniform" unwohl. Versuchen Sie, Ihr Logo und Ihren Vereinsnamen deutlich zu zeigen. Am besten vorne auf dem Shirt, dann erkennt man Sie auch auf Fotos in der Presse.

Anlässe schaffen

Ein Anlass kann eine Veranstaltung, ein Infoabend, ein Infostand, eine Briefaktion etc. sein. Sie müssen Ereignisse schaffen, um auf sich aufmerksam zu machen. Autohäuser engagieren einen Schlagerstar, bieten billiges Bier und Bratwurst an und versuchen dadurch, Kunden anzulocken. Auf das Niveau müssen Sie sich nicht unbedingt begeben. Sie müssen sich jedoch etwas einfallen lassen, um die Aufmerksamkeit der Menschen zu erreichen. Ein Vortrag über Ihr Thema im Vereinsheim lässt zwar interessierte Menschen kommen (Kernzielgruppe), weitere Aufmerksamkeit werden Sie aber nicht erreichen.

BEISPIEL: Kontraste fallen auf. Ein Krankenhaus in Kenia sammelte Spenden für deutsche Obdachlose. Im Zuge der Hartz-IV-Reformen wurden Mitarbeiter des Hauses auf die angeblich prekäre Situation der Menschen in Deutschland aufmerksam. Es wurden über 1 000 Euro gesammelt und als Dank für deutsche Unterstützung an eine Obdachloseninitiative überwiesen. Das Krankenhaus war in allen deutschen Tageszeitungen vertreten. Die Spendeneinnahmen für das Haus konnten in der Folge verdoppelt werden.

Es gibt unzählige Möglichkeiten, in der Öffentlichkeit in Erscheinung zu treten. Suchen Sie Wege abseits ausgetretener Pfade.

Anlässe nutzen

Bestehende Ereignisse zu kommentieren oder für eigene Aktionen zu nutzen, ist eine einfache Möglichkeit, um Aufmerksamkeit zu erregen. Bleiben Sie auf dem Laufenden und schreiben Sie sich in Ihren Terminkalender, welche kommenden Ereignisse interessant sein könnten. Das muss nicht immer direkt mit Ihrer Sache zu tun haben. Die Einweihung einer neuen Straßen zum Beispiel können Sie mit Ihren Vorschlägen kommentieren, wie das Geld besser (in Ihrem Sinne) hätte eingesetzt werden können. Auch hier müssen Sie kreativ sein (oder suchen Sie andere Initiativen und schauen Sie, was die für Ideen entwickelt haben). Wichtig ist nur, dass Sie Ihren Verein ins Rampenlicht bekommen.

BEISPIEL: Die Förderer und Mitglieder sowie zwei Dutzend Jugendliche des örtlichen Jugendclubs halfen beim Sommerfest der örtlichen Behinderteneinrichtung. Sie schenkten Getränke aus, übernahmen die Verpflegung, legten Musik auf und gaben kleinere witzige Einlagen zum Besten. Alle waren durch T-Shirts mit dem Emblem des Jugendclubs zu erkennen. So konnte mit einer guten Tat für den Jugendclub geworben werden. Da viele Anwohner kamen und die örtliche Politik vertreten war, konnten die wichtigsten Zielgruppen erreicht werden. Zudem schrieb die örtliche Presse einen positiven

Kommentar. Bei den nächsten Budgetverhandlungen der Stadt wurde der Zuschuss zum Jugendtreff erhöht (und auch der Zuschuss zur Behinderteneinrichtung).

Tipps und Tricks für die Organisation einer Aktion/Veranstaltung

Zur Organisation einer Veranstaltung gibt es im Internet viele Tipps und Tricks. Kurz und knapp werden im Folgenden einige Dinge benannt, die bei vielen Veranstaltungen schiefgehen bzw. nicht bedacht werden.

Vor der Veranstaltung/Aktion:

- Definieren Sie Ihre Zielgruppe. Dies wurde weiter oben schon ausführlich dargelegt, aber doppelt hält besser.
- Planen Sie mit den Personen, die später auch dabei sein sollen. Man kann es nicht oft genug sagen.
- Überlegen Sie sich vorher, wie viele Aktive Sie motivieren können. Eine Demonstration mit zehn frustrierten Menschen wirkt einfach traurig. Kleinere Aktionen mit nur zwei bis drei Menschen können auch wirken.
- Haben Sie einen Notfallplan. Irgendetwas geht immer schief. Wer kann fehlende oder kaputte Teile (zum Beispiel Kabel) schnell besorgen?
- Verteilen Sie Verantwortlichkeiten und machen Sie diese deutlich. Wer ist wofür verantwortlich? Wer hat die Koordination inne? Sie können diese Personen auch das Kompetenzteam nennen. Jeder muss wissen, an wen er sich im Ernstfall wenden kann.
- Geben Sie eine zentrale Handynummer bekannt, an der am Tag der Veranstaltung der Koordinator der Aktion erreichbar ist.
- Bleiben Sie freundlich, wenn Menschen kurzfristig absagen oder ausfallen. Es kann immer einen guten Grund dafür geben. Vielleicht sind sie ja das nächste Mal dabei.

Während der Veranstaltung/Aktion:

- Begrenzen Sie die Dauer der Veranstaltung. Ein Infostand kann auch nur für drei Stunden während der Haupteinkaufszeit präsent sein.
- Kleine Aufmerksamkeiten erhöhen die Motivation. Vielleicht hat jemand Lust, Kekse oder Kuchen mitzubringen. Kaffee oder Tee ist auch nicht verkehrt.
- Fangen Sie zeitig an. Die Vorbereitung dauert immer länger, als man denkt. Und in der Regel sind die wenigsten pünktlich. Aber vermeiden Sie Leerlaufphasen. Wenn alle erst zwei Stunden rumstehen müssen, bevor es losgeht, ist das frustrierend. Nicht jeder muss von Anfang an dabei sein.
- Denken Sie daran, schriftliches Material und Kontaktadressen dabeizuhaben. Insbesondere für die Presse ist dies wichtig.
- Sagen Sie eine Aktion ab, wenn sichtbar wird, dass die ganze Sache in die Hose gehen wird. Ein Infostand im strömenden Regen ist für keinen der Beteiligten eine angenehme Sache. Stellen Sie sicher, dass alle davon erfahren.

Danach:

- Werten Sie Ihre Aktion aus, zum Beispiel in einem kurzen Nachtreffen. Verteilen Sie Presseartikel. Was kann beim nächsten Mal besser laufen? Wer möchte beim nächsten Mal aktiv werden?

Viele unterschätzen den Planungsaufwand einer Veranstaltung. Bei schlechter Vorbereitung sind dann am Tag der Veranstaltung alle schlecht gelaunt und langfristig hat keiner mehr Lust, sich zu engagieren. Mit guter Vorbereitung kann alles viel entspannter ablaufen.

BEISPIEL: Der Förderverein einer Grundschule führt regelmäßig Veranstaltungen durch. Für die Planung gibt es ein eigenes Team (scherzhaft Team Event genannt), welches die Vorbereitungen übernimmt. Einkäufe, Organisation vor Ort etc. sind damit abgedeckt und müssen nicht jedes Mal in der ganzen Gruppe beschlossen werden. Nach jeder Veranstaltung wird ausgewertet, welche Sachen benötigt wurden, was gefehlt hat und wie die Veranstaltung insgesamt gelaufen ist. Bei der nächsten Veranstaltung muss so nicht mehr von null an begonnen werden.

5.6 Online aktiv werden

Facebook, WhatsApp, YouTube, Twitter, Instagram, Snapchat … Wer weiß schon, was als Nächstes kommt. All diese Kommunikationskanäle sind Teil unseres modernen Lebens geworden. Der Vorteil ist, dass man über diese Kanäle die Menschen direkt erreicht und sie mit Nachrichten versorgen kann. Der Nachteil ist, dass es Zeit frisst. Jeder Kanal muss einzeln bedient und gepflegt und am besten täglich mit Neuigkeiten versorgt werden. Zusätzliche wollen die Nutzer Feedback geben und erhalten. Dies kann ein Einzelner nur schwer schaffen. Konzentrieren Sie sich auf wenige Kanäle. Am einfachsten ist es, wenn Sie diejenigen nutzen, die Sie schon kennen. Dann muss man sich nicht erst mit dem System und dessen Eigenarten vertraut machen. Wenn Sie in einer Gruppe arbeiten, wird es einfacher. Dann kann die Pressearbeit zentral erstellt werden und verschiedene Personen können sie über ihre Kanäle versenden.

Im Internet gibt es zahlreiche Tutorials, YouTube-Videos und Blogs darüber, wie man am besten sein Thema vermarkten kann. Nutzen Sie die Hinweise. An dieser Stelle soll nur eine kurze Einführung zu den verschiedenen Möglichkeiten und Eigenarten beschrieben werden.

Allgemein

Moderne Medien sind schnell und wollen bedient werden, und das am besten täglich. Die Frage stellt sich, was Sie senden können. Wenn Sie ein Thema haben, das wirklich täglich Neuigkeiten produziert, ist es kein Problem, dann können Sie sofort auf Sendung gehen. Dies wird aber nur in wenigen Fällen der Fall sein. Überlegen Sie sich vorher, wie oft und wofür Sie Online-Medien nutzen wollen bzw. können und was Ihr Thema hergibt.

Wie viele Personen können Sie erreichen? Bei zehn Personen wird sich der Aufbau eines eigenen Kanals nicht lohnen. Können Sie aber eine breitere Masse mit Ihrem Thema erreichen, dann steht der Aufwand in einem realistischen Verhältnis zum Nutzen. Vorhersagen sind schwierig. Auch sagt beispielsweise die Zahl der Follower nichts über die Wirkung aus.

Was wollen Sie erreichen? Auch hier ist es sinnvoll, die obigen Strategiefragen vorher durchzugehen. Will ich meine Mitstreiter und Mitstreiterinnen informieren, reicht ein Kanal völlig aus. Will ich mein Thema breit bekannt machen, sind mehrere Kanäle sinnvoll. Schauen Sie sich Ihre Zielgruppe genau an. Ältere Menschen werden Sie mit modernen Medien eher schwer erreichen, bei Jüngeren haben Sie keine andere Wahl.

Facebook

Facebook ist fast schon wieder „out". Jüngere Menschen nutzen dieses Medium immer weniger. Trotzdem hat Facebook den Vorteil, dass man mit relativ wenig Aufwand eine eigene Seite erstellen und darüber Interessierte informieren bzw. mit Nutzern in eine Interaktion treten kann. Nutzen Sie Facebook, wenn Sie oder einer Ihre Mitstreiter mit dem System vertraut sind. Dann ist es eine einfache Möglichkeit, schnell einen größeren Nutzerkreis zu erreichen. Auch viele Pressevertreter greifen darauf zurück. Eine einfache Möglichkeit, auf Ihr Thema und Ihre eigene Website hinzuweisen, ist die Erstellung einer „Fanseite". Sie verweisen in dieser Seite auf Ihren Internetauftritt und nutzen in erster Linie die Kommentarfunktion. Verwenden Sie aber nicht Facebook anstelle einer Internetseite. Dann erreichen Sie nur die Menschen, die auf Facebook unterwegs sind.

Messenger

WhatsApp, Threema oder Telegram sind Messengerdienste, die von vielen Leuten genutzt werden (fast allen, möchte man meinen). Der Vorteil ist, dass viele Menschen ihr Handy immer dabeihaben und man schnell Reaktionen erhält. Für Absprachen und Abstimmungen ist dies Gold wert. Die Kommunikation mit Externen ist da schon schwieriger. Fremde müssten Ihnen dazu ihre Handynummer geben.

Haben Sie eine feste Gruppe, empfehlen sich zwei Chatgruppen. In die eine kommt der engere Kreis, der an allen Abstimmungen beteiligt werden sollte. Einen weiteren Chat richten Sie als „Helferchat" ein. Hier können sich alle anmelden, die ab und an gerne helfen und/oder informiert werden möchten. Achten Sie darauf, dass nur Nachrichten zu Ihrem Thema geschickt werden. Es gibt immer wieder Personen, die alles Mögliche über Chats versenden, lustige Videos, Grüße, Urlaubsfotos etc. Schreiten Sie sofort ein und weisen Sie darauf hin, dass der Chat dafür nicht gedacht ist. Notfalls machen Sie noch einen dritten Chat auf oder löschen diese Personen. Sie verlieren sonst Mitstreiter.

YouTube

Mit YouTube kann man Videos und Filme hochladen und ins Internet stellen. Viele Menschen informieren sich nicht mehr über Tageszeitungen, sondern folgen YouTube-Kanälen oder klicken sich einfach durch die Videos. Wenn Ihr Thema es hergibt, können Sie mit gut gemachten Videos zusätzliche Personen erreichen. Gute Videos sind aber aufwendig. Ton und Licht müssen stimmen und es muss interessant genug sein, damit nicht sofort zum nächsten Video geklickt wird. Das ist nicht einfach und man benötigt mindestens semiprofessionelle Unterstützung. Schauen Sie sich ein paar Videos an und entscheiden Sie selbst, was Sie angemessen finden.

Twitter, Instagram, Snapchat

All diesen Kanälen ist gemein, dass sie mit kurzen Häppchen Aufmerksamkeit erregen wollen. Twitter über Sprache, Instagram und Snapchat über Bilder. Durch regelmäßige Teilnahme an Diskussionen, durch Links und Likes kann schnell eine Community aufgebaut werden. Allen gemein ist, dass sie täglich bedient werden müssen, um Aufmerksamkeit zu erregen. Twitter scheint den Höhepunkt schon überwunden zu haben. Dieser Kanal macht vor allem dann Sinn, wenn das Thema einen „Expertenkreis" anspricht, der genau für Ihr Thema großes Interesse aufbringt. Mit Instagram und Snapchat können vor allem jüngere Zielgruppen angesprochen werden. Auch hier sollte regelmäßig gepostet werden.

Wenn Sie regelmäßig Nachrichten zu Ihrem Thema haben, können diese Dienste wertvolle Unterstützung liefern. Sie müssen zuerst ein Konzept entwickeln, was Sie wie oft in welchem Zeitraum posten können und wollen. Nehmen Sie sich hierfür Zeit. Wenn Sie Ihre Strategie gefunden haben, erstellen Sie zuerst Ihre Nachricht. Dann müssen Sie „nur" twittertaugliche Überschriften kreieren und snapchat- oder instagramtaugliche Bilder finden. Auch hier gibt es haufenweise Tutorials und Videos im Internet zu finden. Dies ist nicht trivial und benötigt viel Zeit. Nutzen Sie diese Dienste wirklich nur, wenn es sich lohnt. Wenn Sie auf diesen Kanälen schon aktiv sind, spricht natürlich nichts dagegen, diese auch für Ihr Thema zu nutzen.

Was wird der nächste Hype? Niemand weiß es. Bleiben Sie offen für neue Techniken - das hält jung.

6. Lobbyarbeit – Die Presse erreichen

Die Presse benötigen Sie, um einen breiteren Kreis von Menschen zu erreichen. Trotz der modernen Medien ist die etablierte Presse noch immer der einfachste Weg, um sein Thema in der Öffentlichkeit zu präsentieren.

Nachrichten in den Medien beruhen heutzutage nur noch selten auf eigenen Recherchen der Journalisten. Sie werden von Agenturen erstellt oder direkt an die Journalisten bzw. Redakteure herangetragen. Hier liegt Ihre Chance und Ihr Problem gleichermaßen. Ihre Chance, da Sie mit gut gemachten Nachrichten relativ einfach in die Presse kommen. Ihr Problem, da Sie aktiv Pressearbeit machen müssen. So relevant ihr Thema auch zu sein scheint, von alleine wird kaum ein Journalist bei Ihnen vorbeikommen. Die Pressearbeit bindet wertvolle Ressourcen. Sie müssen sich aber dieser Aufgabe stellen. Auch hier gibt es wieder eine Reihe guter Gründe:

Werbung machen: Gerade für Initiativen oder kleinere Vereine ist eine gute Pressearbeit besonders wichtig. Wer weiß überhaupt von Ihnen? In der Regel verfügen lokale Organisationen über keinen Werbeetat. Schließlich soll die Sache unterstützt werden und keine Werbeagentur. Nur, wenn keiner von Ihnen gehört hat, weiß auch keiner, dass es Sie gibt. Hier hilft Ihnen die Presse weiter. Mit Pressemeldungen können Sie für Ihre Sache werben. Praktisch gesehen sind Nachrichten, die die Presse über Sie schreibt, billige Werbung.

Mitstreiter gewinnen, Förderer erreichen: Ihr Ziel ist (hoffentlich), Ihre Sache möglichst vielen Menschen bekannt zu machen, Unterstützer zu gewinnen oder zu halten und neue Mitstreiter zu finden. Wenn Sie oft in den Lokalmedien auftauchen, wird Ihre Organisation auch wahrgenommen. Menschen erfahren so, dass Ihr Anliegen wichtig ist, und sind im Idealfall bereit, Sie aktiv zu unterstützen.

> Eine Analyse der Öffentlichkeitsarbeit von Greenpeace hat ergeben, dass fast zwei Drittel aller Artikel über die Umweltschutzorganisation inhaltlich auf Pressemitteilungen zurückgehen. Ohne die Pressearbeit wäre sicher weitaus weniger über die Arbeit von Greenpeace berichtet worden.

Druck auf Entscheider ausüben: Sie werden bestimmt schon die Erfahrung gemacht haben, dass es Situationen gibt, in denen Sie mit guten Sachargumenten nicht weiterkommen. Man vertröstet Sie, sprich Ihnen die Kompetenz ab, verleugnet das Problem etc. Dann müssen Sie öffentlichen Druck aufbauen, um die Entscheider zu bewegen, ihren Job zu machen. Politiker sind auf ihre Wähler angewiesen, die Wirtschaft auf ihren guten Ruf bei den Konsumenten und die Verwaltung auf ihren Ruf in der Bevölkerung. An diesen Stellen können Sie ansetzen. Können Sie die Öffentlichkeit über die Medien wachrütteln, ist das die halbe Miete.

Eigenmotivation: Unterschätzen Sie nie die Wirkung, die eine gute Pressemeldung auf Sie und Ihr Team ausübt. Jeder sieht oder hört sich gerne im Fernsehen, in der Zeitung oder im Radio. Wäre es nicht so, könnte ein Großteil der Sendungen nicht funktionieren. Man denke nur an die unzähligen Shows am Nachmittag, wo Menschen ihre intimsten Geheimnisse ausbreiten, um einmal im Leben ins Fernsehen zu kommen. Eine gut gelungene Aktion oder Veranstaltung motiviert jeden, der dabei war. Eine positive Meldung im örtlichen Tagesblatt oder noch besser im Regionalfernsehen stellt für viele Menschen das Sahnehäubchen dar.

BEISPIEL: Die Kampagne zum Erhalt des alten Turms fokussierte ihre Aktivitäten im ersten Jahr auf eine gute Pressearbeit. Journalisten der örtlichen Presse wurden zu Besichtigungsterminen eingeladen, für die Presse wurden Aktionen rund um den Turm gestaltet, eine Artikelserie über die Geschichte des Turms wurde vorbereitet. Nach dem ersten Jahr war allen Bürgern in der Stadt die Bedeutung des alten Turms bekannt.

Angesichts der heutigen Nachrichtenflut ist es kein leichtes Unterfangen, in die Nachrichten zu kommen. In Afrika sterben Millionen Menschen an leicht zu heilenden Krankheiten, doch kaum jemand berichtet darüber. Ein Skandal in der Wirtschaft, bei dem hunderte Millionen Euro einfach verschwunden sind, bleibt drei Tage ein Thema. Danach beherrscht eine neue Schlagzeile die Medien. Achten Sie mal darauf, wie schnell Nachrichten wieder verschwinden. Darüber kann man lamentieren oder den Journalisten bzw. Redakteuren die Schuld geben. Aber im Endeffekt sind die Leser, also wir alle, das entscheidende Kriterium. Wir haben nicht die Zeit, Lust und Energie, uns um alles einen Kopf zu machen. Und auch Sie werden es im Laufe Ihrer Arbeit immer wieder merken. Das, was Sie als unglaublich wichtig ansehen, interessiert die meisten Menschen nicht. Lassen Sie sich dadurch nicht entmutigen. Wenn Sie nur einen Bruchteil der Menschen erreichen, ist schon viel gewonnen.

Medien sichern Ihnen die notwendige öffentliche Aufmerksamkeit. Mit einer guten Pressearbeit liefern Sie Ihrer Zielgruppe – den Journalisten und Journalistinnen – Informationen und bringen Ihr Thema voran.

6.1 Welche Medien sind interessant?

Die Medienlandschaft ist vielfältig. Sie können für Ihre Pressearbeit das gesamte Spektrum der Medien Ihrer Region nutzen: Zeitungen, Radio und Fernsehen. Am interessantesten für Ihre Arbeit sind in der Regel die Zeitungen. Rundfunk und Fernsehen sind meist schwieriger zu erreichen. Online-Medien spielen vor Ort keine große Rolle. In den letzten Jahren ändert sich dies aber langsam. Beachten Sie bei Ihrer Pressearbeit gegebenenfalls auch diese Medien.

Printmedien

Als Printmedien werden Tageszeitungen, Wochenblätter und Journale bezeichnet. Es gibt lokale, regionale, landes- und bundesweite Printmedien.

BEISPIEL: Die Bürgervereinigung gegen das Bombodrom in Brandenburg hat es geschafft, ihr Thema in die deutschlandweiten Nachrichten zu hieven. Jahrelang schafften es die ortsansässigen Anwohner mit immer neuen Protestformen und guter Medienarbeit, die Wiederinbetriebnahme des ehemaligen Bombenabwurfplatzes der DDR zu verhindern. Die überregionale Berichterstattung trug dazu bei, dass das Thema auch im Bundestag verhandelt wurde. Dadurch entstand neuer Druck auf die Bundeswehr, den Platz nicht weiter zu nutzen. Mit rein regionaler Arbeit wäre dies nicht zu schaffen gewesen.

Für Ihre Arbeit ist es wichtig, Ihre Nachrichten an die richtigen Adressaten zu bekommen. Wenn Sie lokal agieren, wird ein überregionaler Zeitungsleser wenig Interesse für Ihre Probleme aufbringen. Ihr wichtigster Ansprechpartner ist deshalb die örtliche Tageszeitung bzw. bei überregionalen Blättern der Lokalteil. Reporter in dieser Sparte sind immer auf der Suche nach Nachrichten aus der Region. Ihre Chance!

Haben Sie auch ein Auge auf kostenlose Anzeigenblätter oder Bezirkszeitungen. Viele Menschen lesen die kostenlosen Blätter, weil sie sich mit dem eigenen Bezirk beschäftigen oder einfach nur, weil sie in ihrem Briefkasten landen. Die Redaktionen dieser Blätter sind in der Regel hoffnungslos unterbesetzt. Zeit für aufwendige Recherchen ist nicht vorhanden. Da der Schwerpunkt der Blätter auf dem Anzeigenmarkt liegt, wird die redaktionelle Arbeit eher als Beiwerk betrachtet. Gerade an Journalisten in diesem Bereich kommen Sie mit einer gut gemachten Pressearbeit bestens ran. Achten Sie in Ihrer Region auf …

- Anzeigenblätter (der redaktionelle Teil geht fast ausschließlich auf Pressemitteilungen zurück),
- kostenlose Bezirkszeitungen (mit hohem lokalem Bezug werden sie von vielen gelesen),
- Stadtmagazine oder Schülerzeitungen (für die jüngere Zielgruppe),
- Kirchenzeitungen (die auch über das Leben in der Gemeinde berichten) und
- Vereinsrundschreiben (Sportverein, Feuerwehr etc.).

Überregionale Tageszeitungen oder Journale zu erreichen stellt sich schwieriger dar. Unter Journalen werden Zeitschriften wie der *Spiegel*, *Stern*, aber auch Mode- oder Fernsehzeitschriften verstanden. Machen Sie sich vorher klar, ob Ihr Thema eine überregionale Bedeutung besitzt. Ist es für Leser außerhalb Ihrer Region interessant? Wenn nicht, lassen Sie es lieber. Doch auch hier gibt es Ausnahmen. Wie das Beispiel „Bombodrom" zeigt, ist manchmal auch dieser Weg sinnvoll.

Rundfunk

Fast jeder Mensch hört Radio. Die Besonderheit dieses Mediums liegt darin, dass es in der Regel nebenbei, also neben den täglichen Arbeiten oder Routinen wahrgenommen wird. Im Gegensatz zur Zeitung dient das Radio der Unterhaltung und weniger der Information. Konzentrieren Sie sich auf die lokalen Sender. Es gelten die gleichen Bedingungen wie bei den Printmedien: Prüfen Sie vorher, ob Ihre Nachricht auch für weiter entfernt lebende Menschen interessant ist.

In vielen Gegenden gibt es die Offenen Kanäle. Diese werden in der Regel unabhängig von staatlichen oder wirtschaftlichen Zwängen betrieben. Die meisten dieser Sender werden aber kaum noch gehört. Überlegen Sie sich vorher genau, ob es sich lohnt, einen eigenen Beitrag zu entwickeln. Informieren Sie sich über die Verbreitung des Senders. Meist bestehen die Zuhörer aus einer kleinen, sehr speziellen Klientel. Entscheider in Politik und Verwaltung gehören häufig nicht dazu. Ein längerer

Beitrag im Offenen Kanal kann aber entscheidend zur Motivation Ihrer Gruppe beitragen. Auch können diese Beiträge auf Veranstaltungen vorgeführt werden.

Eine Besonderheit schließlich sind die Inforadios. Hier besteht die Möglichkeit, auch längere Beiträge zu Ihrem Thema zu platzieren. Allerdings gilt auch hier vorher zu prüfen, ob Ihre Nachricht für eine größere Zuhörerschaft interessant ist.

Fernsehen

Ihre wichtigste Zielgruppe bei diesem Medium sind die regionalen öffentlichen Sender wie NDR 3, SWR, RBB etc. und die regionalen Sendungen der Privatsender. Auch hier sind die Reporter immer auf der Suche nach lokalen Ereignissen, die die Zuschauer interessieren könnten. Auch beim Fernsehen gibt es die sogenannten offenen Kanäle. Hier bieten sich die gleichen Chancen und Hindernisse wie bei den Radios.

In den folgenden Kapiteln erfahren Sie am Beispiel des Medium Tageszeitung, wie Sie die Medien für Ihr Anliegen begeistern können. Die Besonderheiten des Rundfunks und Fernsehens werden am Ende vorgestellt.

6.2 Der Journalist – das unbekannte Wesen?

Wer ist eigentlich „der Journalist“? Und wo kommen Journalisten eigentlich her? Um an der renommierten Henri-Nannen-Journalistenschule in Hamburg angenommen zu werden, braucht man in der Regel einen Hochschulabschluss. Ohne Uni-Abschluss ist die Chance gering, bei einer Tageszeitung anfangen zu können. Um die Regeln guter Pressearbeit zu verstehen, werfen wir nun einen Blick auf die Arbeit eines typischen Journalisten, Herrn Gunne:

Herr Gunne ist seit vielen Jahren Journalist bei einer bekannten Tageszeitung im Südwesten Deutschlands. Vor seinem Studium der Politikwissenschaft mit Schwerpunkt Journalistik war er Praktikant in verschiedenen Zeitungen. Seine erste Anstellung war ein Volontariat bei einer kleinen Regionalzeitung. Nach dem zweijährigen Volontariat hatte er im Gegensatz zu vielen seiner anderen Kollegen Glück und wurde von der Zeitung übernommen. Jetzt ist er verantwortlich für den Lokalsport in seinem Heimatkreis.

Der Redaktionsalltag folgt meist den gleichen Routinen. Morgens zwischen neun und halb zehn beginnt sein Arbeitstag in der Redaktion. Als Erstes geht er seine Post und seine E-Mails durch, verschafft sich einen Überblick und sichtet die Termine des Tages. Der Poststapel wird von Jahr zu Jahr kleiner, dafür ist die E-Mailflut größer geworden. Glücklicherweise kann er die meisten gleich wieder löschen, da sie für seinen speziellen Bereich nicht interessant sind. Die anderen überfliegt er kurz und weiß in der Regel schon nach drei Sätzen, welche gleich weiter in den virtuellen Papierkorb wandern können. Die Agenturmeldungen verdienen besondere Beachtung.

Danach steht die Seitenplanung auf dem Programm, bei bis zu acht Seiten pro Tag ist dies mit der wichtigste Bereich seiner Arbeit. Mitarbeiter werden kontaktiert, Fotoreporter eingesetzt, Termine und Geschichten arrangiert. Jetzt heißt es, auszuloten, wer zu welchen Veranstaltungen fährt, wo Bilder benötigt werden oder wo es reicht, eine Meldung einfach zu übernehmen. Herr Gunne überlegt, ob es sich lohnt, selber zu einer Veranstaltung zu fahren. Da die Presseeinladung interessant klingt und auch der Bürgermeister anwesend ist, entscheidet er sich dafür. Das ergibt ein gutes Bild für die erste Seite und damit kann man auch einen längeren Text garnieren. Er schreibt schon mal den Artikel vor und macht das Layout. Für die anderen Seiten redigiert er Material von freien Mitarbeitern sowie von Vereinen und Agenturen, schreibt weitere Artikel (Umfragen, Geschichten, Hintergrund, Interviews, Vorankündigungen), telefoniert und organisiert, bevor um 18 Uhr die Seiten weitgehend stehen. Nun hat er zwei Stunden frei, um 20 Uhr muss er bei der Veranstaltung sein. Diese ist um 22:00 Uhr zu Ende. Bis 23:00 Uhr (dann ist Druckbeginn) hat er Zeit, um das letzte „Loch“ auf seiner Seite mit dem Abendbericht zu füllen.

Unser fiktives Beispiel hat allerdings eine Schwachstelle: Viele Journalisten sind heutzutage nicht mehr fest angestellt, sondern als sogenannte freie Redakteure tätig. Freie Journalisten werden erfolgsorientiert bezahlt, d. h. sie bekommen Geld, wenn ein Artikel von ihnen veröffentlicht wird. Wenn sie Glück haben, gibt es ein erfolgsunabhängiges Grundgehalt.

Wenn Sie Journalisten erreichen wollen, müssen Sie sich an deren Arbeitsleben anpassen. Und denken Sie daran, dass Journalisten auch nur Menschen sind. Wenn Sie Ihr Gegenüber als Menschen behandeln, haben Sie schon viel gewonnen.

„Nicht das ist erstaunlich, dass es viele menschlich engleiste oder entwertete Journalisten gibt, sondern dass trotz allem gerade diese Schicht eine so große Zahl wertvoller und ganz echter Menschen in sich schließt, wie Außenstehende es nicht leicht vermuten.“ Max Weber, berühmter Soziologe, 1919.

Die wichtigsten Eckdaten der Arbeit von Journalisten

Journalisten müssen aus einer Vielzahl von Themen die interessantesten auswählen.

Bis zum Mittag werden die Meldungen aussortiert, danach „stehen“ die Seiten.

Agenturmeldungen und Pressemitteilungen sind die wichtigsten Quellen.

Die wichtigsten Kommunikationsmittel bei der täglichen Arbeit sind E-Mails

Fotos und Originalzitate sind wichtig für die Arbeit.

Journalisten haben Arbeitszeiten, die sich stets nach der Aktualität richten.

6.3 Regeln für die Medienarbeit

Vorweg gleich eine Mahnung. Bei der Pressearbeit gilt: „Seien Sie kreativ!“. Jede Regel ist so gut wie ihre Ausnahme. Um in der Masse der Nachrichten aufzufallen, ist es auch nicht verkehrt, ein paar Regeln zu brechen.

Sie brauchen ein Ziel

Auch wenn es in diesem Buch schon einige Male angesprochen wurde, man kann es nicht oft genug wiederholen: Setzen Sie sich ein Ziel! Machen Sie sich im Vorfeld jeder Pressearbeit klar, was Sie damit erreichen wollen. Dieses Ziel müssen Sie bei jedem Kontakt im Auge behalten. Legen Sie sich dafür ein paar Kernaussagen zurecht, die Sie verankern wollen. Diese Kernaussagen müssen Sie in jedem Artikel oder Interview unterbringen.

Auch Journalisten haben ein Ziel: die Nachricht. Je spektakulärer, desto besser. Ein Journalist will seine Zeilen füllen und nicht Ihr Anliegen unterstützen. In der Regel wird er oder sie versuchen, möglichst neutral zu berichten, was nicht immer gelingt. Hier müssen Sie vorsichtig in Ihren Aussagen sein. Das soll nicht heißen, dass jeder Journalist auf einen Skandal aus ist und Sie in die Pfanne hauen will. Ein bisschen Vorsicht ist trotzdem angebracht.

Im Beispiel hat der Journalist das Ziel, einen möglichst interessanten Bericht über Ihre Veranstaltung zu schreiben. Ihr Ziel ist, mit der Veranstaltung neue Helfer zu gewinnen. Wenn Sie es schaffen, beides miteinander zu verbinden, haben Sie eine gute Chance auf eine positiven Artikel.

BEISPIEL: Die Sozialstation wird 10 Jahre alt. Im Team wurde beschlossen, dieses Ereignis gebührend zu feiern. Helfer, Politik und die Bürger in der näheren Umgebung sollen eingeladen werden. Mit dem Team wurde eine Zieldefinition durchgeführt. Als Ergebnis stand fest, dass die Veranstaltung auch dazu dienen soll, neue Helfer anzuwerben. Es wurde ein Motto gewählt, welches als Überschrift über allen Einladungen stand: „Zehn Jahre Sozialstation – wir suchen Helfer für die nächsten zehn Jahre". Ein Journalist sprang darauf an, in der lokalen Zeitung wurde unter dieser Überschrift ein wohlwollender Artikel veröffentlicht.

Liefern Sie Hilfe

Journalisten sind ständig auf der Suche nach Neuigkeiten, nach Geschichten. Das ist ihr Beruf. Allerdings sind sie aus Zeitmangel immer öfter dazu gezwungen, aus einem übergroßen Informationsangebot Themen auszuwählen und mediengerecht aufzubereiten, anstatt sie selbst zu recherchieren und zu kreieren. Das ist Ihre Chance für gute Pressearbeit! Sie können den Journalisten bei der Suche behilflich sein. Liefern Sie ihnen Informationen und Geschichten. Wenn ein Journalist auf einer Ihrer Veranstaltungen auftaucht, hat er großes Interesse daran, einen Artikel zu schreiben. Helfen Sie ihm, indem Sie ihm für Fragen zur Verfügung stehen und ihm vor Ort weitere Ansprechpartner (z.B. betroffene Anwohner) vermitteln.

Sie sind der Experte

Journalisten sind keine Spezialisten. Häufig müssen sie eine Fülle von Themen bearbeiten und sind deshalb für jede Unterstützung dankbar. Versuchen Sie, dem Journalisten komplizierte Zusammenhänge so zu erklären, dass er diese den Lesern erläutern kann. Unser Beispiel des Herrn Gunne zeigt, dass Journalisten nicht die Zeit haben, sich in Sachverhalte einzuarbeiten. Selbst wenn sie Fragen zu Themen haben, die sich nicht auf Ihre eigene Arbeit beziehen, versuchen Sie weiterzuhelfen. Eventuell kennen Sie Menschen, die ein ähnliches Thema bearbeiten.

> Besonders auf lokaler Ebene sind die Medien im großen Maß auf die Informationsleistung von Organisationen und Verbänden angewiesen.

Kooperieren Sie mit der Presse

Arbeiten Sie mit der Presse zusammen, ein kooperativer Stil bewährt sich in der Regel. Der Journalist muss nicht über Ihren Verein berichten. Sie sind aber auf die Presse angewiesen. Daraus erklärt sich die Hassliebe vieler öffentlicher Menschen zu der „Journaille". Unvergessen die Bemerkung des englischen Prinzen Charles bei einem Fototermin: „Ich hasse diese Bestien". Leider hat er übersehen, dass das Mikrofon vor ihm noch angeschaltet war. In der Regel haben Sie und die Medien das gleiche Ziel: Sie wollen die Öffentlichkeit über wichtige Themen informieren.

Schaffen Sie sich Ihr Netzwerk

Sie müssen es schaffen, sich als Kommunikationspartner zu etablieren, der Informationen aufbereitet, Zusammenhänge herstellt und Hintergründe erläutert. Sie können Ihre Pressemitteilungen noch so perfekt formulieren, wenn Sie keinen persönlichen Umgang mit der Lokalpresse pflegen, werden Sie kein gutes Echo finden. Wenn Sie die Medien unfreundlich behandeln, werden diese sich weigern, weiterhin mit Ihnen zusammenzuarbeiten und über Sie zu berichten. Etablieren Sie sich für Journalisten als Ansprechpartner und Experte. Stehen Sie zur Verfügung für die Beantwortung konkreter Nachfragen und vermitteln Sie gegebenenfalls Experten innerhalb und außerhalb Ihres Vereins. Behandeln Sie alle Journalisten gleich – egal von welcher Redaktion. Haben Sie sich über einen Journalisten geärgert, bestrafen Sie ihn nicht mit Informationsentzug, damit bestrafen Sie nur sich selbst.

Seien Sie ehrlich

Von der Presse werden gerne handfeste, skandalöse Themen gesucht. Um in die Nachrichten zu kommen, malen Politiker und Lobbyisten gerne den Teufel an die Wand, übertreiben hemmungslos oder sehen Deutschland schon am Abgrund. Aus Sicht der Akteure mag das legitim erscheinen, sie versuchen nur, ihr Gesicht in die Presse zu bekommen und damit letztendlich ihre Wiederwahl bzw. ihren Job zu sichern. Für Ihre Arbeit sollte dies allerdings kein Vorbild sein.

BEISPIEL: Der Verein zur Förderung der Innenstadt berichtete per Pressemitteilung im Vorfeld einer Veranstaltung, dass der Einzelhandel der Stadt am Boden liege. Als Reaktion müsse die Fußgängerzone wieder für den Autoverkehr geöffnet werden. Dies sei die Meinung aller Einzelhändler im Innenstadtbereich. Auf der Veranstaltung meldete sich eine Reihe von Geschäftsinhabern zu Wort, die vehement dieser Forderung widersprachen. Die Tageszeitung meldete am nächsten Tag: „Einzelhandelsverband setzt sich selber ein Eigentor – Händler für die Ausweitung der Fußgängerzone."

Wenn Sie mit Ihrem Anliegen ernst genommen werden wollen, dürfen Sie keine Falschmeldungen verbreiten. Wahrscheinlich kommen Sie mit einer gut gemachten Unwahrheit in die Zeitung. Wenn die Wahrheit allerdings herauskommt, wird kein Journalist mehr mit Ihnen zusammenarbeiten. Das Sprichwort „Wer einmal lügt, …" stimmt einfach. Und vergessen Sie nicht, Journalisten sind nicht dumm! In der Regel wird sich jeder Journalist rückversichern und Ihre Meldung überprüfen. Und sei es nur, dass er sich eine Gegenmeinung einholt. Bleiben Sie also auf dem Boden der Tatsachen, es wird sich für Sie auszahlen. Gegen leichte Übertreibungen hat hingegen kaum einer was einzuwenden. Klappern gehört zum Handwerk.

Bleiben Sie sachlich

Auch wenn es manchmal schwerfällt, zügeln Sie sich! Sie können nur dann einen positiven Eindruck hinterlassen, wenn Sie Ihr Anliegen sachlich darstellen. Es schützt Sie davor, eine lächerliche Figur abzugeben. Vermeiden Sie zu starke Emotionen. Besser ist jemand, der mit Daten und Fakten aufwarten kann. Sie sollen überzeugen, nicht überreden. Und auch Journalisten sind nicht an unangenehmen Menschen interessiert. Sie wollen eine sachlich begründete Nachricht einholen, die sie im Zweifelsfall überprüfen können. Übertriebene Emotionen können Sie anderen überlassen.

BEISPIEL: Die Öffentlichkeitsarbeit der großen Entwicklungshilfeorganisationen stehen regelmäßig vor dem Dilemma, wie sie ihre Themen in die Öffentlichkeit bekommen. Einerseits müssen sie ihre Botschaften emotional unterfüttern, um überhaupt wahrgenommen zu werden, auf der anderen Seite dürfen sie aber auch nicht übertreiben, da Menschen nicht mit Abschreckung zu gewinnen sind. Jede Werbung ist hier eine Gratwanderung.

Formulieren Sie klar und verständlich

Dies ist nicht so leicht, wie es aussieht. Aber vergegenwärtigen Sie sich einmal, wie Sie Nachrichten aufnehmen. Wenn es nicht gerade ein Thema ist, welches Sie brennend interessiert, hören Sie höchstens mit einem Ohr zu oder überfliegen die Meldungen. Ein Satz, der nicht sofort verstanden wird, ist schnell wieder vergessen. Versuchen Sie, Kompliziertes zu vereinfachen. Sie sind ein Experte. Das Wissen, welches Sie besitzen, haben andere nicht. Deshalb können Sie nur an der Oberfläche der Thematik bleiben. Tiefere Zusammenhänge erörtern Sie mit anderen Fachleuten auf Veranstaltungen. Verwenden Sie einfache Sätze. Wer einen Bandwurmsatz erst nach fünfmaligem Lesen versteht, hat auf den Rest des Textes keine Lust mehr. Sie finden im Abschnitt „Pressemitteilungen schreiben" ein paar Tricks und Tipps, wie Sie die gröbsten Fehler beim Formulieren vermeiden.

Lernen Sie Ihre Adressaten kennen

Auch diese Regel sollte selbstverständlich sein. Haben Sie Interesse an Ihrem Gegenüber. Journalisten beißen nicht, sondern sind (meistens) auch nur an einem netten Umgang interessiert. Es kann passieren, dass Sie ein ausgesprochen unangenehmes Exemplar dieser Sorte Mensch treffen. Vielleicht hatte der Mensch einen schlechten Tag. Machen Sie das Beste daraus. Bieten Sie Unterstützung an und bleiben Sie höflich.

Checkliste: Die Regeln der Medienarbeit

Haben Sie ein Ziel	Liefern Sie Hilfe	Sie sind der Experte
Arbeiten Sie gemeinsam	Schaffen Sie sich Ihr Netzwerk	Seien Sie ehrlich
Bleiben Sie sachlich	Formulieren Sie klar und verständlich	Lernen Sie Ihre Adressaten kennen

6.4 Aktiv werden – die Presse erreichen

Manchmal kommt nach einer bloßen Ankündigung schon jemand vorbei und schreibt was Gutes. In der Regel ist das aber die Ausnahme.

Nachrichten anbieten

Bieten Sie von sich aus interessante Nachrichten an. Das hört sich einfach an, ist aber schwieriger, als Sie denken. Denn was eine spannende von einer uninteressanten Nachricht unterscheidet, ist schwer zu definieren. Hier müssen Sie selber Erfahrungen sammeln. Es hilft, jemanden zu fragen, der nichts mit Ihrer Thematik zu tun hat. Oder fragen Sie einfach einen Ihnen bekannten Journalisten. Er oder sie kann Ihnen sagen, ob Ihre Nachricht von Interesse ist. Bei Zweifeln lieber zweimal überlegen. Die Faustregel lautet: Nachrichten müssen einen aktuellen Bezug haben und interessant genug sein, dass auch Nichtfachleute weiterlesen. Fragen Sie sich immer wieder, ob diese Nachricht interessant für einen Leser ist, der noch nie etwas vom Thema gehört hat.

Überfluten Sie Journalisten nicht mit unnötigen Informationen. Laden Sie sie nicht zu Veranstaltungen ein, die für sie irrelevant sind. Riskieren Sie nicht Ihren Ruf, indem Sie zu viele

Presseaktivitäten entfalten. Ihre Mitteilungen werden nicht mehr gelesen und landen schnell im Papierkorb.

Sie erreichen eine größere Öffentlichkeit, wenn Themen in Form von Meinungen oder Unterhaltung präsentiert werden. Menschen werden lieber unterhalten als unterrichtet.

Den richtigen Zeitpunkt finden

Nichts ist so alt ist wie die Nachrichten von gestern. Niemand interessiert sich dafür. Ein Thema wieder aufzugreifen, welches vor drei Tagen durch die Presse geisterte, ist sinnlos. Sie müssen im Vorfeld aktiv werden. Journalisten benötigen Informationen mindestens einen Tag vorher.

Geben Sie Veranstaltungen, Aktionen oder Events drei Tage vorher bekannt. Versenden Sie vorab die wichtigsten Informationen zum Termin (wer, was, wann, wo). Politiker verschicken ihre Reden per Pressemitteilung. Der Journalist muss dann auf der Veranstaltung nicht mitschreiben. Machen Sie es genauso. Versenden Sie einen Tag vorher eine Pressemeldung mit den wichtigsten Informationen (siehe unten).

Kündigen Sie größere Veranstaltungen sechs Wochen vorher an. Prüfen Sie, ob andere Ereignisse Ihnen an diesem Tag die Aufmerksamkeit streitig machen können. Erinnern Sie eine Woche vorher schriftlich an Ihre Veranstaltung. Fragen Sie ggf. bei der zuständigen Redaktion nach, ob sie jemanden vorbeischicken. Der Reporter sollte die Gelegenheit haben, vorbeizukommen, um Originalzitate zu sammeln. Erinnern Sie sich noch an das Beispiel von Herrn Gunne? Die Ausgestaltung der Seiten wird bis zum Mittag festgelegt. Für Sie heißt das, dass Ihre Veranstaltung zeitlich so gelegt werden muss, dass ein Journalist erscheinen kann.

Wenn Sie auf ein Ereignis reagieren (der Bürgermeister weiht eine neue Straße ein), müssen Sie die wichtigsten Informationen parat haben. Stellen Sie im Vorfeld mit Journalisten Kontakt her und versenden Sie eine Pressemitteilung mit den wichtigsten Fakten. Am speziellen Tag sollten Sie als Ansprechpartner zur Verfügung stehen.

In der täglichen Arbeit stoßen Sie hier auf Ihre Grenzen. Schließlich wollen Sie ja noch was anderes schaffen. Machen Sie sich nichts daraus, wenn es nicht hundertprozentig läuft. Professionelle Pressearbeit ist immer ein Arbeiten unter Last-Minute-Panik. Setzen Sie sich Prioritäten und versuchen Sie nicht, alles auf einmal zu schaffen.

Ansprechpartner suchen

Ihre Informationen müssen für Journalisten interessant sein. Eine Einladung an einen Sportreporter zu einer Veranstaltung zum Sozialabbau wird wenig erfolgversprechend sein. Nicht weil dem Reporter das Thema egal ist, sondern weil es nicht sein Thema ist. Finden Sie heraus, wer in den Lokalmedien über Ihre Thematik berichtet. Schauen Sie sich an, wer welche Artikel schreibt. Eine Hilfestellung bieten die Kürzel am Ende eines Textes in der Zeitung, das sind in der Regel die Initialen des Schreibers. Achten Sie darauf, ob bei bestimmten Artikeln immer das gleiche Kürzel dahintersteht, denn dann haben Sie Ihren Ansprechpartner.

Rufen Sie in den einzelnen Redaktionen an und erkundigen Sie sich, wer auf Ihr Thema spezialisiert ist. Wenn es keinen direkten Ansprechpartner gibt, fragen Sie, an wen Sie Informationen am besten senden sollen und in welcher Form. Wenn Sie einen Redakteur als Ansprechpartner haben, senden Sie Ihre Informationen zusätzlich an das Sekretariat oder den Lokalchef. Doppelt hält besser. Vielleicht ist „Ihr" Redakteur gerade im Urlaub. Wenn ein Journalist eine Ihrer Veranstaltungen besucht, fragen Sie ihn, ob Sie ihm weiterhin Infos über Ihre Arbeit schicken sollen. Wenn jemand schon mal über Sie berichtet hat, halten Sie Kontakt. Sie haben dann einen Ansprechpartner für zukünftige Presseaktivitäten.

Bieten Sie Journalisten möglichst einen gleichbleibenden Ansprechpartner. Das können Sie selber sein, aber noch besser ist es, jemand anderes übernimmt diese Aufgabe. Dieser „Pressesprecher“ lernt im Laufe der Zeit die Journalisten in seinem Bezirk kennen. Er kann dann einschätzen, wer sich für welches Thema interessiert und wie man es am besten an verschiedene Redaktionen verkauft. Bei Fragen wissen Journalisten dann sofort, an wen sie sich wenden und von wem sie eine mediengerechte Auskunft erwarten können.

Presseverteiler einrichten

Sie ersparen sich viel Arbeit, wenn Sie sich einen Presseverteiler mit allen Medien Ihrer Region anlegen. Mit einem Verteiler können Sie Ihre Kontakte zu den Medien organisieren und müssen nicht bei jeder Pressemitteilung erneut Ansprechpartner ausfindig machen. In den Verteiler nehmen Sie alle Medien bzw. Journalisten auf, die Sie über Ihre Aktionen informieren wollen. Der Verteiler sollte Angaben enthalten über Medium, Ressort/Redaktion, Ansprechpartner, Anschrift inkl. Telefon, Fax, E-Mail. Es ist auch nützlich im Verteiler zu vermerken, welche Zielgruppen die einzelnen Medien haben, für welche Themen sie sich interessieren bzw. wie sie diese verarbeiten. Damit können Sie je nach Aktion Ihre Informationen gezielt an die verschiedenen Medien versenden.

Internetseite aufbauen

Auch bei der Presse läuft die Informationsbeschaffung heutzutage über das Internet. Bauen Sie auf Ihrer Internetseite deshalb einen Bereich für Pressearbeit ein. Journalisten wünschen sich einen extra Navigations-Button für die Presse. Ein Presse-Link nützt natürlich nichts, wenn dort nicht die entsprechenden Inhalte zu finden sind. Unbedingt notwendig sind:

- E-Mail-Adressen, Telefondurchwahl und Faxnummer der direkten Ansprechpartner und übrigen Funktionsträger im Verband.

- Newsletter-Abo per E-Mail. Bieten Sie Journalisten die Möglichkeit, sich selbst in Ihren Presseverteiler einzutragen. Das spart beiden Seiten Arbeit.
- Aktuelle Pressemitteilungen sowie ein Archiv der alten Pressemitteilungen.
- Downloadmöglichkeit von Bildmaterial: Besonders kleine Redaktionen haben oft keine eigenen Fotografen und sind für Fotomaterial dankbar (Auflösung der Bilder 300 dpi in der Originalgröße, Bildrechte vermerken).

Pressemitteilungen schreiben

Tausende von Pressemitteilungen werden jeden Tag geschrieben. Ein Großteil landet gleich im Papierkorb. Überlegen Sie vorher, ob sich die Arbeit lohnt. Für Ihre Pressemeldung gilt, dass sie inhaltlich interessant ist und bestimmten formalen Ansprüchen genügt, da sie in vielen Fällen redaktionell bearbeitet wird. Gehen Sie sparsam mit diesem Mittel um. Eine Pressemitteilung zu schreiben ist aufwendig und die Abdruckraten sind in der Regel recht gering. Nutzen Sie lieber Ihre Kontakte. Fragen Sie Ihre Ansprechpartner, ob sie Interesse am Thema haben. Wenn Sie zu einer Veranstaltung oder Aktion einladen, reicht meist eine Ankündigung. Reden Sie lieber vorab mit Journalisten, als diese mit Informationen zuzuschütten.

> Eine Pressemitteilung schreiben Sie, wenn Sie ein Ereignis kommentieren oder Journalisten informieren wollen. Sie schreiben eine Presseeinladung, wenn Sie zu einer Aktion oder Veranstaltung einladen. Machen Sie dies durch eine Überschrift deutlich.

Pressekonferenzen organisieren

Mit Pressekonferenzen sollten Sie noch sparsamer umgehen als mit Pressemitteilungen. Setzen Sie eine Pressekonferenz wirklich nur dann an, wenn Sie etwas von Bedeutung mitzuteilen haben. Überlegen Sie sich vorher genau, ob der Anlass wichtig genug ist. Unterschätzen Sie nicht den Aufwand, den eine Pressekonferenz verursacht. Wenn Sie ohnehin nicht damit rechnen, dass mehr als zwei Medienvertreter erscheinen, genügt ein Telefonanruf. Optional können Sie zu einem Pressegespräch (s.u.) einladen. In vertraulicher Runde können Hintergründe und Details besprochen werden. Das ist für beide Seiten weitaus effizienter.

> Wenn Hintergründe erläutert werden und mehr als sechs Journalisten kommen, ist eine Pressekonferenz sinnvoll.

Wenn Ihr Thema es hergibt und eine Pressekonferenz Sinn macht, sollten Sie folgende Tipps berücksichtigen:

Schreiben Sie in den Header groß und deutlich „Einladung zur Pressekonferenz“. Beschreiben Sie im Text kurz und knapp den Anlass der Veranstaltung. Wecken Sie Interesse. Machen Sie deutlich, welche Vorteile Journalisten haben, wenn Sie zu Ihrer Pressekonferenz kommen. Gut ist auch immer eine bekannte Persönlichkeit, die für Fragen zur Verfügung steht.

Planen Sie vorher genau, was Sie auf der Veranstaltung der Presse mitteilen wollen. Erläutern Sie zu Beginn der Veranstaltung kurz und knapp, worum es geht. Kommen Sie danach sofort zum Wesentlichen. Fangen Sie keine langen Reden oder Grundsatzdiskussionen an. Eine Pressekonferenz sollte maximal eine Stunde dauern. Begrenzen Sie die Redezeit auf eine Viertelstunde. Den Rest der Zeit sollten Sie für Fragen zur Verfügung stehen.

Planen Sie vorher, wer auf der Pressekonferenz sprechen soll. Das sollten nicht mehr als zwei Personen sein. Ein Dritter kann die einleitenden Worte übernehmen und die Moderation machen. Wählen Sie Personen, der sich kurz fassen und frei sprechen können. Klären Sie vorher, wer welche Punkte erläutert. Schreiben Sie die wesentlichen Punkte zusammen und geben Sie den Pressevertretern eine Zusammenfassung mit.

Pressegespräche führen

Das einfachste Mittel der Pressearbeit ist das sogenannte Pressegespräch. Dabei handelt es sich um ein formloses Treffen, auf dem man sich kennenlernen und sein Thema vorstellen kann. In der Regel sind diese Treffen ergiebiger als Pressekonferenzen. Ein persönlicher Kontakt kann aufgebaut werden, Themen können ausführlich behandelt werden, es ist für Journalisten leichter, Fragen zu stellen, und nicht zuletzt ist es für alle Beteiligten weniger aufwendig.

Zu einem Pressegespräch können Sie formlos einladen. Rufen Sie in den Redaktionen an und fragen Sie nach einem Termin. Wenn Sie keinen direkten Ansprechpartner haben, lassen Sie sich zu dem zuständigen Menschen durchstellen. Verwenden Sie den Begriff Pressegespräch – Journalisten wissen, was damit gemeint ist. Sagen Sie, ob andere Personen oder Journalisten anwesend sind. Am besten ist ein Vier-Augen-Gespräch, es ist aber auch möglich, mehrere Journalisten gleichzeitig einzuladen. Suchen Sie ein Café in der Nähe und oder laden Sie zu sich ein. Planen Sie ca. eine Stunde für das Gespräch ein. Nehmen Sie zu dem Gespräch Hintergrundmaterialien mit, damit Journalisten das Wichtigste später parat haben. Stellen Sie sich und Ihre Arbeit kurz vor. Bieten Sie Ihr Wissen an. Und denken Sie daran, der Charakter dieses Treffens ist formlos. Führen Sie ein Gespräch, versuchen Sie nicht, Ihr Gegenüber zu überzeugen.

Leserbriefe schreiben

In vielen Ratgebern wird zum Schreiben von Leserbriefen ermuntert. Leserbriefe würden oft gelesen und stellten daher eine gute Möglichkeit der Pressearbeit dar. Eigene Erfahrungen sprechen gegen die Anwendung dieses Mittels. Ein Kommentar muss gut formuliert sein, um abgedruckt zu werden. Das bindet Zeit und Arbeitskraft. Die Wahrscheinlichkeit eines Abdrucks ist relativ gering. Leserbriefe werden zudem in der Regel auf wenige Sätze gekürzt. Welche Sätze übrig bleiben, ist nicht vorherzusehen.

Probieren Sie es aus. Einen Leserbrief können Sie als Korrektur zu einem Thema schreiben oder wenn Sie einen Artikel besonders gut fanden. Formulieren Sie kurz und prägnant. Wenn Sie mit dieser Möglichkeit Erfolg haben, können Sie es wieder versuchen. In der Regel ist immer dieselbe Person für den Abdruck der Leserkommentare verantwortlich. Vielleicht steht diese Person Ihrer Sache offen gegenüber.

6.5 Für die Presse schreiben

Schreiben für die Presse stellt viele Menschen vor Probleme. Schreiben will gelernt sein und beruht auf Erfahrung. Das Gute ist, dass man kann es lernen kann. Die Einhaltung relativ einfacher Regeln reicht in den meisten Fällen aus, um einen Text für Journalisten ansprechend zu gestalten. Am Beispiel einer Pressemitteilung werden diese im Folgenden kurz erläutert.

Schreiben Sie nicht allein an einem Text. Suchen Sie sich jemanden aus Ihrer Umgebung, der Sie unterstützt und kritisiert. Arbeiten Sie gemeinsam vom ersten Entwurf bis zum fertigen Text.

Stil/Inhalt

Eine Pressemitteilung ist ein Fazit, eine Zusammenfassung, deshalb muss sie kurz und prägnant sein. Sie soll die Aufmerksamkeit des Lesers wecken. Es geht darum, den Leser kurz und knapp über das *„Wer, was, wann, wo, wie und warum“* zu informieren.

- **Wer** hat etwas gemacht bzw. will etwas machen?
- **Was** ist passiert bzw. wird passieren?

- **Wann** hat etwas stattgefunden bzw. wird ein Ereignis geschehen?
- **Wo** ist es passiert bzw. wird es passieren?
- **Wie** ist es abgelaufen bzw. wird es ablaufen?
- **Warum** ist es dazu gekommen, wird etwas geschehen?

Konzentrieren Sie sich auf das Wesentliche. Das Wichtigste (wer, was, wann, wo) steht am Anfang. Es muss deutlich werden, worin die Neuigkeit, die „Geschichte“ besteht. Kommen Sie gleich im ersten Satz auf den Punkt. Eine Pressemitteilung besteht aus kurzen, klaren Sätzen. Vermeiden Sie Einschübe im Satzbau. Verwenden Sie keine Füllwörter – Adjektive und Artikel nur, wenn es wirklich notwendig ist. Schreiben Sie Verben in der aktiven Form. Jedes Wort, das Sie streichen können, ohne dem Text seinen Sinn zu nehmen, kann raus. In der Kürze liegt die Würze!

Bleiben Sie sachlich. Sie wollen den Journalisten überzeugen, nicht überreden. Kennzeichnen Sie Behauptungen und Meinungen als solche. Der einfachste Weg ist ein Zitat oder ein Zusatz wie: „Nach Meinung des Sportvereins TUS Felde …“

Eine Pressemitteilung braucht eine klare Gliederung. Das Wichtigste kommt zuerst, das Unwichtigste zuletzt. Journalisten müssen die Möglichkeit haben, ihren Text an den vorhandenen Platz in der Zeitung anzupassen. Hier hilft die sogenannte AHA-Formel: Aufmerksamkeit wecken – Hauptsache – Alles Weitere. Bauen Sie Ihren Text nach diesem Schema auf. Die Probe für Experten: Fangen Sie hinten an und kürzen Sie Ihren Text um den letzten Satz, dann um den vorletzten, bis Sie am Anfang angelangt sind. Wenn Ihr Text jedes Mal einen Sinn ergibt, können Sie morgen als Journalist anfangen.

Nehmen Sie sich Zeit für eine prägnante Überschrift. Die Überschrift ist das Wichtigste an Ihrem Schreiben. Diese soll „wirken“, aber gleichzeitig das Folgende zusammenfassen. Formulieren Sie die Überschrift ganz am Ende. Viele machen den Fehler, eine „tolle“ Überschrift zu haben, und versuchen dann, den dazu passenden Text zu schreiben. In der Regel wird eine zweigeteilte Überschrift verlangt. Diese besteht aus einer sogenannten Headline und einer Subline. In der Subline können wichtige Informationen ergänzt werden (siehe Beispiel). Beide Zeilen zusammen transportieren Ihre Botschaft.

Hier ein fiktives Beispiel dafür, wie allein eine Überschrift abschrecken kann:

> ***NAFA begrüßt Zuständigkeit des BfN für Agro-Gentechnik***
> *Müller: Auswirkungen von GVO auf natürliche Ökosysteme weitestgehend unbekannt.*

Was bitte ist BfN? Was kann man sich unter Agro-Gentechnik vorstellen? Was ist GVO? Und wer ist Müller? Das sind zu viele Fragezeichen. Eine derartige Überschrift macht keine Lust aufs Weiterlesen. Sie macht nicht neugierig, sondern verschreckt. Das Beispiel kann einfach umgebaut werden:

> ***Bundesamt für Naturschutz übernimmt die Zuständigkeit für Grüne Gentechnik – Der NAFA begrüßt diesen Schritt***
> *Stefan Müller, der Geschäftsführer des Vereins „Naturschutz für Alle" (NAFA), erklärt dazu: „…"*

In der Überschrift sind die wichtigsten Fakten enthalten. Abkürzungen werden vermieden. Der Begriff „Grüne Gentechnik" ist allgemein bekannt. Meinungen kommen als Zitat im folgenden Text. Das Zitat wird in Anführungsstriche gestellt.

Lassen Sie sich nicht entmutigen. Schreiben will gelernt sein. Machen Sie sich einen kurzen Merkzettel oder nutzen Sie die Checkliste. Nehmen Sie sich Ihre Tageszeitung vor und überprüfen Sie die Nachrichten auf diese Kriterien. Nach kurzer Zeit werden Sie merken, wie sich Ihr Blick auf Texte verändert.

Checkliste: Für die Presse schreiben – Stil/Inhalt

- Überschrift einprägsam und einfach
- „Wer, was, wann, warum" gleich am Anfang
- einfacher Satzbau, klare Sprache (Vorsicht mit Metaphern u. Ä.)
- logischer Aufbau im Text
- keine unnötigen Fremdwörter, Füllwörter, Floskeln, Artikel und Adjektive
- aktive Verbform („wir" und „man" vermeiden)
- bei Namen: Funktionsbezeichnung, Titel, Vorname
- Abkürzungen beim ersten Gebrauch erklären

Form

Eine klare Struktur hilft, einen Überblick zu bekommen. Journalisten haben keine Zeit, sich in ein Thema einzuarbeiten.

Der Umfang sollte eine DIN-A4-Seite, Zeilenabstand eineinhalb bis zwei Zeilen, betragen. Nutzen Sie nicht die Rückseite, diese wird meist überlesen. Ausnahmsweise können Sie auch zwei Seiten schreiben, dann besteht jedoch die Gefahr, dass die Länge abschreckend wirkt. Lassen Sie Platz auf dem Papier. Nichts wirkt abschreckender als eine eng beschriebene Textseite (die sogenannte Bleiwüste). Wichtig sind Übersichtlichkeit und Raum für Anmerkungen. Gut sind Korrekturränder drei Zentimeter rechts und links vom Text. Schreiben Sie nicht mehr als etwa 60 Zeichen pro Zeile. Etwa 40 Zeilen pro Seite sind das Maximum.

Kennzeichnen Sie Ihre Pressemitteilung als solche, damit jeder sofort weiß, worum es geht. Im sogenannten Header, dem

Kopf der Pressemitteilung, stehen der Absender und das Datum. Der Ansprechpartner muss mit Namen, Durchwahl und Email-Adresse sofort zu erkennen sein. Der Unterzeichner sollte unter der Nummer ständig erreichbar sein, eine Mobilnummer ist heutzutage Pflicht.

Benutzen Sie keine Unterstreichungen, Versalien (Schrägstellung der Buchstaben) oder Ähnliches, das verwirrt nur. Wichtige Daten (Datum, Überschrift etc.) können Sie größer und/oder in Fettdruck machen.

Checkliste: Für die Presse schreiben – Form

- Kennzeichnung als Pressemitteilung (damit jeder sofort weiß, worum es sich handelt)
- DIN-A4-Format
- Einseitig! (mehr lesen Journalisten ohnehin nicht)
- Übersichtlichkeit und Raum für Anmerkungen
- Korrekturränder rechts und links 2 bis 3 cm, Zeilenabstand 1 ½ bis 2 Zeilen
- keine Unterstreichungen, Versalien o. Ä.
- Überschriften groß gedruckt
- korrekte und vollständige Absenderangabe plus Datum
- Ansprechpartner mit Name, Durchwahl, E-Mail Adresse und Internetadresse

6.6 Funk und Fernsehen

In den vorhergegangenen Abschnitten wurde die Arbeit anhand des Beispiels Tageszeitung beschrieben. Im Großen und Ganzen stimmen die Aussagen mit den Ansprüchen der anderen Medien überein. Besonderheiten werden im Folgenden aufgeführt.

Rundfunk

Radiosendungen werden nebenbei gehört. Aus diesen Gründen sind die sogenannten Nachrichtenschnipsel, die in die Musikblöcke eingeschnitten werden, selten länger als zwei Minuten. Je nach Sender kann es auch Höchstgrenzen von 50 Sekunden geben (für Inforadios gelten andere Regeln). Eine weitere Besonderheit des Rundfunks ist seine Aktualität. Die Live-Reportage, wo ein Reporter vor Ort berichtet, ist sicherlich das bekannteste Beispiel. Bei den Printmedien hingegen muss erst gedruckt werden und der Bericht erscheint am nächsten Tag.

Rundfunkjournalisten sind wie ihre Kollegen bei der Zeitung auf Pressemeldungen angewiesen. Überregionale Themen kommen in der Regel von den gleichen Agenturen wie bei den Printmedien. Inzwischen existieren auch Agenturen, die ihr Angebot speziell auf den Kunden Radio zuschneiden und fertig geschnittene Beiträge anbieten. Lokale Nachrichten werden meist aus der Tageszeitung abgelesen oder fußen auf Pressemitteilungen, die direkt in die Redaktionen geschickt werden.

Rundfunkjournalisten sind immer auf der Suche nach Themen. Nutzen Sie Ihre Chance. Mit gut gemachter Pressearbeit gewinnen Sie wertvolle Verbündete. Denken Sie auch hier immer daran, dass Ihre Nachricht Unterhaltungswert bieten muss.

Wenn Sie eine Veranstaltung oder eine Aktion planen, schicken Sie eine Pressemitteilung drei Tage vorher an die Redaktionen. Fragen Sie einen Tag vorher nach, ob die Redaktion jemanden vorbeischicken möchte. Am Tag des Ereignisses müssen Sie persönlich zur Verfügung stehen.

Planen Sie Ihr Event rundfunkgerecht. Das Medium Zeitung braucht gute Artikel, das Medium Fernsehen gute Bilder (siehe unten) und das Medium Rundfunk gute Kommentare oder Hintergrundgeräusche. Einfach ausgedrückt: Machen Sie Krach, wenn Sie in den Rundfunk kommen wollen.

BEISPIEL: Zum „Tag gegen den Lärm" führte der BUND Berlin eine Aktion unter dem Titel „Trommeln gegen den Lärm" durch. Eine Percussiongruppe trommelte an einer viel befahrenen Kreuzung gegen den Lärm an. Die Aktion war ein durchschlagender Erfolg in den Rundfunkmedien, fast jeder Sender brachte einen Bericht. Ein Grund dafür war die Percussiongruppe: die Aktion lieferte gute O-Töne zum Unterlegen eines Berichts. Ein weiterer war der zwiespältige Charakter der Aktion: „Lärm gegen Lärm". Ein Rundfunksender brachte am Morgen wiederholt eine Glosse zum Thema mit dem Tenor, dass die Trommler im Park immer das größte Ärgernis seien. Diese Meldung am Morgen brachte andere Rundfunkstationen dazu, mittags die Veranstaltung zu besuchen und am Nachmittag verschiedene Berichte zu senden.

Radiojournalisten brauchen für ihre Arbeit sogenannte O-Töne (O wie Original). Das bedeutet nichts anderes, als dass jemand auch sprechen muss. Haben Sie hiervor keine Angst, das hört sich schlimmer an, als es ist. Live-Interviews werden häufig telefonisch durchgeführt. Hier können Sie entspannt plaudern. Werden Berichte erstellt, suchen die Journalisten Statements von verschiedenen Personen. Die kurzen Sprechstücke werden aufgezeichnet und anschließend passend zurechtgeschnitten. Vor dem Interview werden in der Regel einige Fragen durchgesprochen und das Interview wird grob strukturiert. Überlegen

Sie sich vorher, was Ihr Ziel ist. Legen Sie sich dazu einige knackige Kernaussagen zurecht und studieren Sie diese ein. Bringen Sie diese Sätze dann im Interview unter. Ob die Sätze exakt zur Frage passen, ist nicht so wichtig. Am Ende werden Ihre Antworten sowieso von der Redaktion zusammengeschnitten.

Sprechen Sie langsam und deutlich. Viele Menschen neigen dazu, vor Aufregung sehr schnell zu sprechen und zu nuscheln. Probieren Sie es zu Hause aus. Nehmen Sie Ihre Stimme auf Tonband auf und üben Sie die Betonung. Stellen Sie sich beim Anhören vor, dieser Beitrag würde im Radio erscheinen. Wenn es sich komisch anhört, machen Sie sich nichts daraus, das ist normal. Seien Sie sich bewusst, dass ein Interview mit Ihnen stark gekürzt wird. Selbst wenn es 15 Minuten dauert, bleiben am Ende höchstens drei Sätze übrig. Dies ist nichts Ungewöhnliches, das geht jedem Politiker in den Nachrichten genauso.

„Von Profis lernen“: Achten Sie auf die Betonung und die Satzkonstruktionen, die medienerprobte Menschen in Interviews machen. Viele klingen ähnlich. Achten Sie darauf, dass die Fragen selten richtig beantwortet werden (Kernaussagen unterbringen), die Sätze ohne Pause aneinandergereiht werden (nicht vom Thema abbringen lassen) und einzelne Wörter betont werden (deutlich sprechen).

Fernsehen

Für das Fernsehen gelten die gleichen Regeln wie für Rundfunk und Printmedien in Bezug auf Pressearbeit. Mit einer Ausnahme: Das Fernsehen lebt von Bildern. Wenn Sie das Fernsehen einladen, müssen Sie deshalb für gute Bilder sorgen. Hier ist Ihre Kreativität gefragt.

BEISPIEL: Um auf die finanziellen Nöte der örtlichen Grundschule aufmerksam zu machen, organisierten die Eltern einer Grundschule eine Demonstration. Kinder wurden dabei blau eingekleidet und blau angemalt. Die Aussage: Angesichts des Sparzwanges der Gemeinde bleibt den Kindern die Luft weg. Über die Aktion wurde im Regionalfernsehen breit berichtet. Kinder sind bei Fernsehleuten immer beliebt. Und die Bilder mit blau angemalten Kindern, die zudem gute O-Töne lieferten, waren etwas Besonderes.

Auch das Fernsehen braucht Interviewpartner. In der Regel werden zwei bis drei Mitarbeiter interviewt. Eine(r) wird Sie interviewen, dazu kommt ein Kameramann und evtl. ein Tontechniker. Vorher werden die wichtigsten Punkte mit Ihnen durchgegangen. Auch beim Fernsehen wird der Beitrag, genau wie beim Rundfunk, am Ende zusammengeschnitten.

Sprechen Sie beim Interview langsam und deutlich. Verwenden Sie kurze Sätze. Der Zuschauer will Sie verstehen können. Überlegen Sie sich vorher Ihre Kernaussagen und bringen Sie sie im Interview unter. Vermeiden Sie Emotionen. Im Fernsehen wird durch die scheinbare Nähe die Distanz zum Betrachter überwunden. Dadurch werden emotionale Regungen stärker betont.

Schauen Sie nicht direkt in die Kamera. Der Reporter wird entweder neben Ihnen stehen und damit gleichzeitig im Bild sein oder neben der Kamera. Wenn er neben Ihnen steht, reden Sie mit Ihrem Interviewpartner, als würde die Kamera nicht existieren. Wenn der Reporter sich neben oder hinter die Kamera stellt, peilen Sie einen Punkt ca. zehn Zentimeter über der Kamera an. Halten Sie Ihren Kopf gerade und seien Sie sparsam mit Bewegungen.

Brechen Sie einen Satz ab, wenn Sie merken, dass Sie sich verhaspelt haben. Fangen Sie einfach nach einer kurzen Pause wieder an. Meist werden Ihnen die gleichen Fragen mehrmals gestellt, um verschiedene Sätze zum Schneiden zu erhalten. Konzentrieren Sie sich auf Ihre Kernaussage. Sie können auch selber Vorschläge machen, was gefragt werden soll.

Und schließlich: Keine Panik! Jeder hat Lampenfieber vor einem Interview, sogar Medienprofis. Denken Sie daran, dass keiner von Ihnen erwartet, perfekt zu sein. Fragen Sie vorher den Reporter, wo Sie hingucken sollen und wie Sie am besten stehen. Nicht nur hat er oder sie mehr Erfahrung in diesen Dingen, es lockert auch ein wenig das Eis.

7. Abschluss

An dieser Stelle möchte ich Ihnen noch viel Erfolg wünschen. Denken Sie an Ihre Vision und was Sie erreichen wollen. Sehen Sie die kleinen Erfolge und erwarten Sie nicht, dass alles sofort so läuft, wie Sie es sich wünschen.

Für alle, die sich weiter mit dem Thema beschäftigen wollen: Es gibt ein Fortgeschrittenenbuch*. Das Einsteigerbuch ist für die Arbeit vor Ort, in der Stadt oder Gemeinde konzipiert. In vielen Fällen sind aber auch die übergeordneten Ebenen, die Landes- oder sogar Bundespolitik entscheidend. Wenn Sie Ihr Thema voranbringen wollen, müssen Sie auch auf diesen Ebenen aktiv werden. Das Fortgeschrittenenbuch liefert Ihnen das dafür nötige Rüstzeug.

Als Autor dieses Buches freue ich mich über Feedback, erfolgreiche (und auch nicht so erfolgreiche) Geschichten und allgemein über alle Erfahrungen, die Ihnen in Ihrer Lobbyarbeit wichtig erschienen. Schreiben Sie mir.

info@prenzel-com.de
www.prenzel-com.de

Thorben Prenzel

Ein besonderes Danke an:
Meine Familie für alles
Claudia für die Zeichnungen
Ulrike Wischner für die besondere Unterstützung

---

* Lobbyarbeit für Profis, ISBN 978-3-7344-0862-5.

Literatur

Direkte Hilfen fürs Ehrenamt

Bürgernetzwerk ehrenamtliches Engagement: http://www.b-b-e.de/

Das Netzwerk will ehrenamtliche Strukturen fördern und ausbauen. Unter dem Stichpunkt Service finden sich einzelne Hilfen zu Verbandsführung, Öffentlichkeitsarbeit etc.

Akademie Management und Politik der Friedrich-Ebert-Stiftung: https://www.fes-mup.de

Die Akademie Management und Politik (MuP) bietet Angebote in den Bereichen Organisations-, Kommunikations- und Freiwilligen-Management.

Aktiv.um:

Der Oekom-Verlag bringt in loser Reihenfolge Themenhefte für Umwelt und Naturschutzgruppen heraus.

Bundeszentrale für politische Bildung: www.bpb.de

Die Bundeszentrale für politische Bildung unterstützt Bürgerinnen und Bürger dabei, sich mit Politik zu befassen. bpb.de bietet dazu u.a. Online-Artikel, Bücher, Zeitschriften, Unterrichtsmaterialien, Filme und Veranstaltungen.

Stiftung Mitarbeit: https://www.mitarbeit.de

Die Stiftung Mitarbeit ist eine deutsche Stiftung mit Sitz in Bonn. Stiftungszweck ist die Förderung der Demokratie-Entwicklung. Sie unterstützt bürgerschaftliches Engagement und Selbsthilfeaktivitäten.

Bücher

Die Organizer-Spirale. Eine Anleitung zum Mächtig-Werden für Kampagnen, Initiativen. 2011.

In diesem Buch wird eine Form der Organisationsmöglichkeit für Basisgruppen aufgezeigt. Initiativen erfahren hier, wie sie sich selbst organisieren und die eigene Gruppe voranbringen können.

Thorben Prenzel: Projektentwicklung mit System. Von der Idee zum fertigen Konzept: Planung Organisation, Projektantrag. Frankfurt/M. 2018.

In diesem Buch von gleichem Autor wie „Lobbyarbeit für Einsteiger" werden gezielt die Schritte vom leeren Blatt bis hin zum fertigen Antrag skizziert.

Paul Ackermann/Ragnar Müller: Bürgerhandbuch. Politisch aktiv werden – Öffentlichkeit herstellen – Rechte durchsetzen. 2015.

Dieses Buch bietet in zehn Bausteinen Basisinformationen und 66 konkrete Tipps für Bürgerinnen und Bürger. Zielgruppe: Einzelpersonen.

Thomas Leif/Rudolf Speth (Hg.): Die fünfte Gewalt. Lobbyismus in Deutschland. 2006.

Dieses Buch bietet einen umfassenden Einblick in das Labyrinth des Lobbyismus. Zahlreiche Studien und Fallbeispiele machen die tägliche Arbeit der Interessengruppen transparenter.

Juliane Hielscher (Hg.): Lobbyarbeit. Praxis, Regeln und Akteure. Politik mitgestalten. 2017.

Das Buch gibt Einblick in die Lobbyarbeit, um grundlegende Voraussetzungen zu klären und einen Überblick zu schaffen.

Florian Busch-Janser: Staat und Lobbyismus. Legitimation und Instrumente unternehmerischer Einflussnahme. 2012.

Die Frage nach der Legitimität von Einflussnahme durch Interessengruppen wurde bereits in den 1970er-Jahren unter dem Stichwort Korporatismus aufgegriffen. Standen damals Verbände im Mittelpunkt, richtet sich der Fokus nun auf die Unternehmen.

Peter Lösche: Verbände und Lobbyismus in Deutschland. 2007.

Lösche stellt das Vorurteilssyndrom infrage, die Verbände seien allmächtig, die Lobbyisten die Strippenzieher im Dunkeln, die Politiker korrupt und die Parteien bestechlich.

Wolfgang Gründinger: Lobbyismus im Klimaschutz. Die nationale Ausgestaltung des europäischen Emissionshandelssystems. 2012.

Gründinger zeigt, dass weniger der klimapolitische Anpassungs- oder Problemdruck, sondern vielmehr die institutionellen Gelegenheitsstrukturen des politischen Systems und die Struktur der Staat-Verbände-Beziehungen entscheidend für das Politikergebnis sind.

Christian H. Schuster: Lobbying in der Praxis. Die erfolgreiche Kontaktaufnahme. 2015.

Dieses Buch gibt exklusive Einblicke in die Arbeitsweise der Abgeordnetenbüros: Welche Anschreiben werden aus welchem Grund den Abgeordneten vorgelegt – und welche verschwinden unbeantwortet in der Ablage?

Daniel Kitscha: Die kognitive Dimension des Lobbyismus. Eine Framing-Analyse europäischer Technologiepolitik. 2013.

Mit einem Framing-Ansatz zeigt sich, dass die Einflusschancen von Lobbyisten auch von der Notwendigkeit zur Begründung von Politikvorhaben auf EU-Ebene abhängen.

Heindirk tom Dieck (Hg.), Thomas Leif: Die stille Macht. Lobbyismus in Deutschland. 2003.

In diesem Buch wird der Lobbyismus umfassend analysiert und der ständig wachsende Einflussbereich von Wirtschaft auf politische Entscheidungen neu vermessen.

Norbert Franck: Praxiswissen Presse- und Öffentlichkeitsarbeit. Ein Leitfaden für Verbände, Vereine und Institutionen. 2016.

„Praxiswissen" zeigt, wie Vereine und Verbände erfolgreiche Presse- und Öffentlichkeitsarbeit machen können. Der Autor vermittelt Know-how und Handwerkszeug.

Daniela Puttenat: Praxishandbuch Presse- und Öffentlichkeitsarbeit. Der kleine PR-Coach. 2012.

Das Praxishandbuch PR und Öffentlichkeitsarbeit gibt einen umfassenden Überblick und viele praktische Hilfen zu den Hauptgebieten der PR.

Hartmut Fischer: Vereinsmarketing – inkl. Arbeitshilfen online: Erfolgreiche Öffentlichkeitsarbeit, Sponsoren und Mitglieder gewinnen. 2018.

Der Verein von heute braucht ein aktives Marketing, um neue Mitglieder zu gewinnen und finanzielle Mittel zu organisieren. In diesem Buch erfahren Sie, wie Sie die richtigen Maßnahmen für Ihren Verein finden, aktiv Kontakte knüpfen und wichtige Informationen aus dem Vereinsleben wirksam in die Medien bringen.